Hand Made 巧手易

台湾第一本专业拼布杂志 www.handmade-tw.com
NO.45 2011年9月号

CONTENTS

封面作品作者 / **石碧霞老师**
封面设计 / **陈启予** 文字 / **璟安** 封面摄影 / **Akira**

U0963172

Hand Made 巧手易

董事长暨发行人／吕世文
总编辑／徐舒柔
社务顾问／吕永元、林浩正、余万停

编辑部／**黄璟安、陈宇柔、简子杰**
特约编辑／**詹宏人**
插画设计／**胡乃文**
特约做法插画／**胡瑞娟**
摄影／**詹建华、Akira、萧维刚(Vincent)、C.CH、Milk、Bobi、J.J**
特约拼布知识指导老师／
冈本洋子、徐旻秀、许爱敏、颜淑媛、张韵、陈宝华、陈节、指吸快子

玩美手工网址：www.wanmeishougong.com
河南科学技术出版社网址：www.hnstp.cn
联系邮箱：hnstpdwhz@163.com

Hand Made NO.45 Quilter List

特别感谢本期协助制作

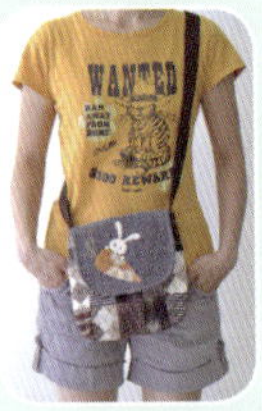

P.6 伍人慧老师
TEL：03-9566752

2001年5月初次接触拼布艺术，随即专心于拼布领域，并尝试创作，跳出传统窠臼，创造多元文化的风格，使意象无限发挥。http://www.chantau.com.tw/wu/index2.asp

P.8 Matuyama Atuko
松山敦子老师

现住在日本茨城县土浦市。拼布店&教室 QUILT STUDIO A-two 负责人。
小时候就开始喜欢布、喜欢可爱的东西。与已故的野原三辉老师于 Hearts & Hands 学习拼布，目前为活跃推广拼布艺术的拼布作家。以使用复刻版30年代的图案布、明亮可爱风的色彩风格深受欢迎。著有《幸福的花色拼布》（主妇和生活社出版）《居家拼布、户外拼布》（学研出版）等。http://www.a-two.com/

P.10 Yubisui Yasuko
指吸快子老师

出生于日本神奈川县川崎市，毕业于杉野短大被服科。曾在 Hearts & Hands 拼布学校学习拼布，现在师事拼布作家小关铃子。作品发表于日本手艺杂志，积极参与各项拼布活动，国际横滨拼布嘉年华展及东京巨蛋展受赏无数。http://yubiquilt.exblog.jp/

P.11 郭枕甄老师

将"生活"当成灵感的发电机，随时随地都可以发挥创意，制造意想不到的惊喜。现为贝采蓺生活艺术馆负责人。与日本指吸快子老师共同打造"甜点系拼布小物"单元。第一本个人袖珍创作书《手心里的袖珍甜点》上市热卖中。
http://www.wretch.cc/blog/kky021

P.14 一布一脚印的拼拼凑凑
黛西

《巧手易》募集单元长期投稿忠实读者、网络自由作家。想用一布一脚印的拼拼凑凑，与大家一同实现梦想。
http://tw.myblog.yahoo.com/quilter-daisy/

P.15 黄秋英个人工作室 黄秋英老师
TEL：0929-804800

日本手艺普及协会指导员、英国刺绣讲师、缎带刺绣指导员。通过指尖，让手工的质感在快速的生活节奏里创造出时尚、慢与细致的美感。

P.16 P.23 木棉花拼布艺术
李琼惠老师
TEL：03-5342097

1996年成立木棉花拼布艺术工作室，日本通信社第三届讲师，从事拼布、儿童美术教育16年。

P.17 Miss Su 拼布学园
苏惠芬老师
TEL：04-23017492

日本手艺普及协会第一届拼布讲师暨指导员，现为 Miss Su 拼布学园负责人。"布的手绣之美"单元曾于《巧手易》杂志连载。

P.18 Cinderella 拼布 & 缎带刺绣教室 李淑贞老师
TEL：0936-191220

拼布&缎带刺绣资深讲师。曾旅居国外，因缘际会发现拼布之美，从此进入拼布世界。担任台北市中山国中家长拼布班及学生联谊活动指导老师至今，多次举办成果展，获奖无数，并陆续出版个人著作《yoyo crafts》、《极致缎带绣》等。
http://tw.myblog.yahoo.com/cinderellaquilt-cinderellaquilt

P.19 布之屋拼布教室
林昭春老师
TEL：07-8027393

日本通信社拼布讲师，日本余暇协会机缝讲师，布之屋拼布教室负责人。喜欢拼布的温馨手感、布与布的拼缝乐趣，分享玩布生活手作。

P.21 内湖幸运草拼布教室
张娟珠老师
TEL：02-26320661

喜欢以居家生活为作品主题，让生活充满了拼布的美与乐趣。

P.22 青睐拼布教室
曾秀旭老师
TEL：02-26490009

拼布资历9年，日本手艺普及协会讲师，拼布让我的人生因手作而多彩多姿。博客请搜索"青睐拼布"。

P.24 多米村拼布教室
黄惠兰老师
TEL：02-86873891

拼布&刺绣资深讲师、光乔第四届拼布讲师，拼布资历14年。《乐手作》杂志 Vol.8 刺绣单元配合老师。将手工艺视为体验生活的点点滴滴，一个手作的快乐天堂。http://www.domitsuen.com/

P.25 娃娃屋拼布手作坊
郭珍燕老师
TEL：03-4588994

娃娃屋拼布手作坊负责人，日本手艺普及协会指导员、日本余暇文化振兴会机缝指导员、日本小仓手艺缎带刺绣指导员、日本余暇文化振兴会英国刺绣讲师。
http://www.wawawu.com.tw

P.26 P.27 魔女工房
林千翠老师 & 苏雅惠老师
TEL：07-2366865

多年的拼布制作已是一种过生活的方式，拼布对我而言是将纸、笔、颜料换成针、线、布的一种艺术，是创作而不再只是单纯的拼布。http://tw.myblog.yahoo.com/witchgirl_lin0636

P.28 珍珠的布诗辑
石碧霞老师
本期封面作者 TEL：0935-872578

喜欢拼布的布玩家，用一颗温柔的心享受拼布所带来的宁静。http://www.wretch.cc/blog/peggyph

P.30 宝甄艺术拼布坊
蔡梅珍老师
TEL：05-6322698

讲起拼布总有一种莫名的悸动，2000年在云林虎尾落脚后，并努力走出一条属于个人风格的路，让它一直向无尽延伸。
http://tw.myblog.yahoo.com/baujen-yunlintaiwan/

P.32 巧帛拼布教室
李淑华老师
TEL：07-6192936

日本通信社拼布、缎带绣讲师，日本余暇协会机缝讲师，巧帛拼布教室负责人。以针线代替画笔，用碎布替换颜料，用针情线艺分享手作乐趣。
http://tw.myblog.yahoo.com/chaber398/

P.34 台湾拼布网
郭芷廷老师 & 赖淑君老师
TEL：02-26548287

由一群对拼布极度喜爱的人所组成的团队，因为热爱所以有很大的期待，期待多样的刺激能激发出更多创作者多元的想象空间。http://tw.myblog.yahoo.com/quilt_taiwan

P.36 网络作家 Judy

喜欢拼布的网络人气自由作家、桃子妹妹图案原创作者，持续于个人博客发表最新拼布作品，深受网友的支持与喜爱。
Judy 的拼布博客 http://tw.myblog.yahoo.com/judy-patch/

P.38 乡村拼布教室
张贵樱老师
TEL：04-22467150

日本 Tsushin 结业讲师、日本余暇协会机缝讲师，拼布资历 17 年以上，现为乡村拼布教室负责人。“一针一心思，一线一希望。”

P.40 木棉坊拼布美学
洪凤珠老师
TEL：02-24293917

1989 年成立教室至今已 20 多年，在拼布的世界找到美丽并富有成就感，让生活沉浸在艺术里。http://tw.myblog.yahoo.com/diana-24293917/

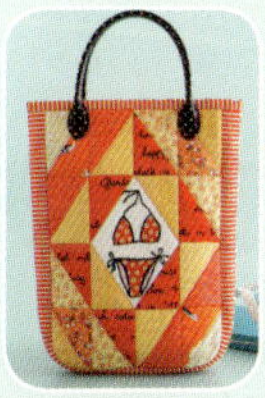

P.44 Kat's quilt garden
阿 Kat 老师
TEL：03-4923937

喜欢玩布块拼接与配色游戏，特别钟爱 30 年代复刻版布与小关铃子风格，深信拼布会带来令人愉悦的心情，让生活更温暖美好，让自己永远年轻！
http://www.wretch.cc/blog/quilterkat

P.44 贝佳时尚布工坊
詹智成老师
TEL：02-25595881

现任贝佳时尚布工坊副店长，创作经历 12 年。作品多次在中国台湾、日本、韩国参展及参赛。曾获日本拼布大赏袋物冠军，创作颠覆拼布常规，编织了一篇篇动人的故事！http://tw.myblog.yahoo.com/a9411734651029/

P.49 雅樱拼布艺术
林雅樱老师
TEL：04-22559090

著有《我的私房拼布》一书，拼布资历 16 年。深觉作品要感动自己才能打动别人。

P.50 布之道
胡金治老师
TEL：04-8326690

日本手艺普及协会第一届拼布指导员，资深拼布老师。始终相信每个人心中都存有一种美，而我以线为音符，以布创造空间，在生活的色彩中找到悠闲，这是我的艺术。
http://www.bgd.com.tw

P.52 八色屋拼布彩绘
陈慧如老师
TEL：02-22916767

1997 年成立八色屋拼布木器彩绘教室，将喜爱手作及 DIY 的兴趣化为梦想。达人的拼布讲座 Live《拼布 VS 刺绣》现正人气连载中。
http://www.e-colors.idv.tw

P.54 蒲公英拼布彩绘
林彦君老师
TEL：02-89524130

1996 年日本通信社讲师，拼布资历 14 年以上。达人的拼布讲座 Live《拼布 VS 家饰》现正人气连载中。

P.62 徐旻秀老师
TEL：0911-120808

资深拼布名师，作品《曙光》于 2009 年获美国 AQS 拼布人学会奖项第 3 名。可以持续 20 年不变的兴趣，该是它具有相当的魅力，希望自己的坚持及大家的支持让自己更精进！
juliaminghsiu@yahoo.com.tw

P.64 陈莉雯老师

自由作家。《巧手易》杂志单元“I love HOBBYRA HOBBYRE”连载作家，喜欢布的舒服质感，创作出自己最爱的手作风布作。
gretachern@gmail.com

P.69 幸运草机缝拼布
陈玉金老师
TEL：0937-811690

幸运草机缝拼布教室负责人，擅长使用各式素材、工具搭配拼布作品，于《巧手易》杂志内配合人气专栏好评连载中。

P.72 Sophie Cartonnage
法式布盒 Sophie 老师

喜欢结合不同的手作手法，并从生活物件中找寻灵感来尝试赋予作品新的生命。以法式风格布盒为主，目前致力于创作研发各式美观实用的布盒手作与课程。
http://tw.myblog.yahoo.com/unicorne24/

P.76 Ann

自由作家，《巧手易》杂志专栏作家，喜欢制作、设计专给幼儿使用的可爱拼布小物，连载持续中。

P.78 悠游工坊
陈宝华老师
TEL：02-28828826

现为悠游工坊负责人，从事拼布制作、彩绘、缎带绣等，教学经验超过 20 年。拼布著作《风华绝袋——悠游机缝》（首翊 & 手艺）好评热卖中。
http://www.wretch.cc/blog/yoyohand

P.80 Ishinami Takako
石浪崇子老师

拼布资历 40 年，现为浪漫拼布负责人。作品于 2002 年荣获世界拼布嘉年华银奖、2007 年横滨拼布嘉年华“准大奖赏”、2011 年北京清华大学“国际拼布嘉年华”出展等。quilt-roman@do6.enjoy.ne.jp

2011 兔仔报喜

长耳兔仔玩生活（第四回）

■作品设计、制作、提供／伍人慧老师
■摄影／C.CH ■文字／Brownie ■美术设计／Celina

完成尺寸：24cm×23.5cm

Sling-bag

长耳兔仔趴趴走随身包

风和日丽的星期天，

带着奶油胡萝卜三明治，

去草地上疯狂打滚吧！

格子、横条、菱形格的拼接，
利落又极具个人风格的经典设计。

略难

适合拼布程度中上者

内附原尺寸图

制作方法请参考P.91

作品欣赏

shopping bag

无乐不作的兔仔，

最爱公园踏青或是海边戏水，

把自己晒成焦糖色的小黑兔仔。

长耳兔仔郊游趣购物袋

作品尺寸：27.5cm×36.5cm×9cm

Matuyama Atuko's Sweet Blog

松山敦子老师的甜美布落 Sweet Day 6

苏姑娘的花朵梦工厂小提袋

■作品设计、制作、提供 / 松山敦子老师 ■摄影 / C.CH ■文字 / Brownie ■美术设计 / Celina ■内附原尺寸图

完成尺寸：17.5cm × 17.5cm × 6cm

点点布的 yo-yo，
美化提手的缝合处，
细腻又温暖的设计。

初学

有拼布基础的初学者

制作方法请参考P.92

作品欣赏 一朵小花的异想世界零钱包

小花造型的拉链头，闪亮亮，超吸睛！

每片花瓣都是天马行空的奇想，
想着我对花花世界的恋恋心事。

作品尺寸：12cm×9cm

Matuyama Atuko

冰激凌

快吃！快吃！冰激凌留言板

日本梦幻拼布教主 指吸快子 & 台湾袖珍甜点达人 郭桄甄

■摄影／C.CH ■文字／Brownie ■美术设计／Celina
■作品设计、制作、提供／指吸快子老师、郭桄甄老师

如果没有冰激凌的陪伴，

又该如何度过漫漫炎夏呢？

快吃！享受无比的清凉快意。

完成尺寸：留言板 30cm×41cm
作品尺寸：冰激凌图钉长约3.5cm

背面图

随时提醒自己保持微笑，是维持快乐生活的关键喔！

透明的置物袋设计，一目了然，方便又有趣。

略难
适合拼布程度中上者

内附原尺寸图
冰激凌置物袋制作方法请参考P.93

作品欣赏

迷你冰激凌小吊饰

作品尺寸：长约3.5cm

薄荷口味叠着香草口味，

淋上巧克力酱杏仁脆粒，

喔！这就是我最爱的冰激凌。

作品欣赏

草莓冰激凌透明随身袋

完成尺寸：18cm×13cm

草莓卡士达口味的冰激凌，

可以放上一颗小樱桃吗？

背面图

Bling-bling 的粉红爱心，
说出我对冰激凌的心情。

Top A

趣味布玩咖　格子布造型

拼布人的创意格子趣

布的趣味，
只有玩咖才能体会！

Quilt's Top 拼布最前线 for 中、高级生

难 适合挑战创作的拼布者

略难 适合拼布程度中上者

初学 有拼布基础的初学者

Top C

拼布教室照过来

★石碧霞老师

花布VS点点布

轻熟女的午茶时光（第五回）

★蔡梅珍老师

风车的故事

回忆风车（第五回）

★李淑华老师

折花与立体花的应用

相约在花园（第四回）

名师经典，

私房手作大公开！

Top B

布的游乐园

交通工具造型

向前冲！可爱系图案手作

欢迎光临，布的游乐园

Let's enjoy it!

Focus：
小零钱包上的自制装饰金属片。

拼布人的创意格子趣

给人乖乖印象的格子布，时常被当做学院风的代言布款。
但只要换个角度和方向，就可以有各种面貌的运用呢！
用格子的大小交错，制造出视觉上的远近效果，
迎接9月开学季吧！

作品设计、制作、提供／黛西老师
完成尺寸：22cm×22cm×15cm

：Vincent ：Anjing ：Celina

格子布POINT 1

搭配金属系配件装饰的
斜格纹时尚学院款。

时尚学院英伦包

质感超优的皮制背带，
衬托主人的流行品位。
金属链条串起的随身小零钱包，
刻画出有型与便利的时尚流线。

略难
适合拼布程度中上者

内附原尺寸图
制作方法请参考P.94

紫罗兰童话精巧提包

天气好的早晨，
鸟儿和缝纫机一样唧唧喳喳。
喜欢做拼布的紫罗兰公主，
坐在城堡的围墙边数格子。

作品设计、制作、提供 / 黄秋英老师
完成尺寸：21cm × 12cm × 6cm

：Vincent　：Anjing　：Celina

格子布 POINT 2

用同色系格子布做出
四角拼接和滚边吧！

Side look!

略难
适合拼布程度中上者

内附原尺寸图
制作方法请参考P.95

作品设计、制作、提供／李琼惠老师
完成尺寸：12cm×24cm×8cm（置物篮）
24cm×26cm（小黑兔）

📷：Vincent ✎：Anjing 🎨：Celina

格子布 POINT 3
玩偶的衣服VS拼接置物篮

小黑兔的格子裙
是妈妈亲手做的喔！

小黑兔置物篮

爱玩躲猫猫的小黑兔，
躲进妈妈的缝纫置物篮。
长长的耳朵被一把拉起，
小心篮子里的针线扎到屁屁啦！

略难
适合拼布程度中上者

内附原尺寸图
制作方法请参考P.97

城市少女格纹袋

流行是做自己，
流行是爱自己。
城市少女的时代宣言：
我们就是流行！

作品设计、制作、提供／苏惠芬老师
完成尺寸：34cm×36cm（袋物）
作品尺寸：9cm×14cm（零钱包）

: Vincent : Anjing : Celina

格子布 POINT 4

以色彩制造利落感，
黑白相间的个性格子布。

Back look!

略难
适合拼布程度中上者

内附原尺寸图
制作方法请参考P.96

Focus：
玫瑰花缎带绣

香槟玫瑰束口袋

典雅的郁金香，随着风儿摇曳拂过了初秋早晨；
四个角落的香槟玫瑰，静静绽放束口袋的魅力。

作品设计、指导、提供／李淑贞老师　协力制作／谢慧修
完成尺寸：14cm × 18cm × 14cm

：Vincent　：Anjing　：Celina

格子布 POINT 5

利用缎带绣及
造型束口装饰耳点缀的
典雅格子布。

略难
适合拼布程度中上者

内附原尺寸图
制作方法请参考P.98

格子地图曲线背包

格子地图上的蒲公英，脚步轻盈缓缓走过秋天的街；
照着自由曲线绕圈圈，好像也有自己的一套方向感。

作品设计、制作、提供／林昭春老师
完成尺寸：29cm×21.5cm×6.5cm

：Vincent ：Anjing ：Celina

格子布 POINT 6

利用转换方向及角度的拼接，做出视觉上的衔接效果。

略难
适合拼布程度中上者

内附原尺寸图
制作方法请参考P.99

FUJIX
Mon petit Mercerie
小小手艺屋
开张了
FUJIX Ltd.
上海富士克制线有限公司
FUJIX (SHANGHAI) THREAD LTD.
上海咨询号码 喜乐多拼布
地址：上海市延安西路2299号上海世贸商城8A-01
TEL:86-21-6236-0667
FAX:86-21-6236-0662
http://www.fjx.co.jp
E-mail : kikaku@fjx.co.jp
布能布玩
Sew la vie
台湾总代理 隆德贸易有限公司
总公司 台中市北屯区河北西街71号 (04)2247-7711
台中河北店 台中市北屯区河北西街77号 (04)2245-0079
台北南京店 台北市南京东路一段52号6楼 (02)2511-2809
高雄复兴店 高雄市苓雅区复兴二路25-5号 (07)537-7198
高雄针车店 高雄市苓雅区复兴二路25-4号 (07)537-0277
上海店 中国上海市长宁区延安西路2299号 世贸商城8楼A-01 86-21-6230667

格子布 POINT 7

增添居家清爽氛围的
粉色系格子布信插。

巴尔的摩的恋人花园

粉嫩系的格子布，
化身居家一角的漂亮收纳；
两种传统图案的结合，
打造巴尔的摩的恋人花园。

作品设计、制作、提供 / 张娟珠老师
完成尺寸：19cm × 50cm

：Vincent ：Anjing ：Celina

略难
适合拼布程度中上者

内附原尺寸图
制作方法请参考P.100

作品设计、制作、提供 / 曾秀旭老师
※本作品部分图案参考“Let's go图画字典”一书
完成尺寸：80cm × 119cm
：Vincent ：Anjing ：Celina

向前冲！可爱系图案手作

路上的交通工具种类好多啊！把它们变成可爱系的创意手作吧！
做给家里的小朋友或是自己随身携带都超可爱，
满足这个世界的未泯童心。

可以让小朋友认识各种交通工具的家用小凉被。

车车图鉴小盖被

耐心的捷运车长，自由的小黄司机，
认真的公车运将，辛勤的救护人员，
用拼布教小朋友认识职业，
也学会更多的尊重和体谅。

难
适合挑战创作的拼布者

内附原尺寸图
制作方法请参考P.101

交通工具笔袋

公交车放着电子音乐，轿车的轮子是扣子；
卡车的名字是卡卡，方向盘造型很百变。
我的交通工具不赶时间，它们只赶流行！

作品设计、制作、提供／李琼惠老师
完成尺寸：20cm × 9cm

：Vincent ：Anjing ：Celina

超可爱文具：是交通工具造型的笔袋耶！

初学
有拼布基础的初学者

内附原尺寸图
制作方法请参考P.102

UFO银河音乐袋

冲啊UFO，银河音乐节要开始了！
星星变成五线谱上的小小音符，
陪我天天准时出门去上钢琴课。

作品设计、制作、提供／黄惠兰老师
完成尺寸：34.5cm × 27cm × 6cm

📷：Vincent ✎：Anjing 🎨：Celina

UFO也是交通工具！逗趣的图案贴布缝。

Focus：
彩色银河上的高音符记号刺绣。

略难
适合拼布程度中上者

→ 内附原尺寸图
制作方法请参考P.103

动物园专车收纳袋

早上九点开工啦！
小猪在可爱动物区，熊熊在客服部门，
兔子总是睡过头下错站，
动物园专车每天接送不打烊。

作品设计、制作、提供 / 郭珍燕老师
完成尺寸：23cm × 13.5cm × 4cm

：Vincent ：Anjing ：Celina

动物图案大集合：改造现成的收纳袋。

Back look!

略难
适合拼布程度中上者

内附原尺寸图
制作方法请参考P.104

猪小弟的嘟嘟车背包

粉红色点点小车，时髦的流线造型，
车号96，不是我的生日。
驾驶新手猪小弟，请多包涵。

作品设计、制作、提供／林千翠老师
完成尺寸：约40cm×23cm×6cm

：Vincent ：Anjing ：Celina

Focus：
车窗设计成置物口袋。

结合图案布与交通工具造型，做成卡通风格的背包。

略难
适合拼布程度中上者

内附原尺寸图
制作方法请参考P.105

让交通工具图案每一面都能立体呈现的气球包。

梦想飞行气球包

坐上气球包里的梦想飞机，
踩着脚踏车在大草原奔驰。
年少时一起旅行的125机车，
在我的背包上轰隆作响。

作品设计、制作、提供／苏雅惠老师
完成尺寸：约29cm×25cm×15cm

：Vincent ：Anjing ：Celina

Focus：
隐藏版的口袋设计。

略难
适合拼布程度中上者

内附原尺寸图
制作方法请参考P.106

轻熟女的午茶时光(第五回)

完成尺寸：9cm×10cm×3cm

■作品设计、制作、提供 / 石碧霞老师
■摄影 / Akira ■文字 / Brownie ■美术设计 / Celina

水果塔口金包

焦黄色的饼干塔皮口金，
注入红醋栗的甜酸奶黄酱，
铺满大量的草莓覆盆子折花，
最后点缀一颗春渍的樱桃扣子。

石碧霞老师
珍珠的布诗辑
日本手艺普及协会第一届机缝指导员
日本手艺普及协会第三届手缝指导员
拼布资历16年

略难
适合拼布程度中上者

制作方法请参考P.108

作品欣赏

提拉米苏扁包

点点底布是浓郁的奶油，
佐以咖啡口味慕斯配布，
放上一片薄荷叶的提手，
来杯醇香的卡布奇诺吧！

作品尺寸：26cm×34cm

选取花布图案制成的小配饰，
巧思独具又画龙点睛。

作品欣赏

柠檬海洋鸡尾酒提包

杯缘垂着一朵扶桑花布，
蓝色水玉是冰凉的气泡酒，
挤上几滴柠檬蕾丝轻轻搅拌，
海边的Tea time同样悠闲惬意。

作品尺寸：20cm×25cm×6cm

编辑·布·报告

Point 1　表布拼接好后也可只烫上单胶棉不压线。

Point 2　若表布压线，需考虑压线后的缩小率，
避免与口金无法吻合。

——石碧霞老师

回忆风车（第五回）

诉说往日·手机袋

雏菊随着风轮移转，
一会儿向左，一会儿往右，
摇摆之际，往日的美丽回忆涌现。

完成尺寸：9cm×12cm

cellular phone

■作品设计、制作、提供/蔡梅珍老师
■摄影/Akira
■文字/Brownie
■美术设计/Celina

初学
有拼布基础的初学者

内附原尺寸图
制作方法请参考P.109

蔡梅珍老师
宝甄艺术拼布坊
日本手艺普及协会指导员
拼布资历14年

作品欣赏

骚动秋思
手挽包

拣起一地的松果，
不知不觉忆起遥远的过去，
这才惊觉秋日的脚步声渐近。

作品尺寸：约17.5cm × 15.5cm × 7cm

作品欣赏

作品尺寸：28cm × 19cm × 12.5cm

回到小时候
宽底提包

那个梳着两股发辫天真无邪的自己，
总会在长大以后不经意地怀念起。

风车贴布与风车压线的结合，增加设计的层次感。

背部设计

折花与

和风折花小包

相约在小叶榄仁树下，
我提着拼接格纹折花布包，
你脚上踩着充满回忆的帆布鞋，
一起在夏日静听百花绽放的呼吸声……

完成尺寸：17.5cm × 13cm × 6cm

相约在花园（第四回）

细致的折花加上相衬的包扣，质感大加分！

■作品设计、制作、提供 / 李淑华老师
■摄影 / Akira ■文字 / Brownie ■美术设计 / Celina

李淑华老师
巧帛拼布教室
日本通信社讲师
日本小仓缎带刺绣学院讲师
日本余暇文化振兴会机缝指导员
拼布资历17年

初学
有拼布基础的初学者

内附原尺寸图
制作方法请参考P.110

作品欣赏

花开了胸针

波希米亚的纯白罩衫，
别上一朵盛开的七彩胸花，
今晚是属于姐妹们的狂欢派对！

作品尺寸：圆直径约9cm

编辑·布·报告

在作品中加入蕾丝装饰，可以使作品有加分效果。

——李淑华老师

作品尺寸：39cm×25cm×8.5cm

作品欣赏

漫步玫瑰园野餐提包

戴上宽檐遮阳草帽，
准备几味可口的小点心，
花园的野餐约会开始啦！

层层叠叠的布花，
有种难以言喻的浪漫与神秘。

冰激凌万岁（第四回）

作者／郭芷廷老师

完成尺寸:15.5cm×16cm×6cm

冰激凌女孩相机包

今年的夏天很粉红，
带一份行脚地图，
背着我最爱的冰激凌相机，
拍摄上山下海的美丽。

略难 ★★
适合拼布程度中上者

Food's Point:
粉红色相机包，以色彩鲜明的冰激凌贴布和人物相呼应，用可爱融化了整个夏天。

■作品设计、制作、做法提供／台湾拼布网郭芷廷老师、赖淑君老师
■摄影／Akira ■文字／璟安 ■美术设计／薄荷茶
■做法绘图／宇柔

●内附原尺寸图

作品欣赏

冰激凌保温袋

夏天的太阳公公，
上班愈来愈认真；
冰激凌都冒汗了，
快把它们摆进保温袋里吧！

Do you like ice cream?

材料

红色点点布30cm×55cm
米白色底文字布20cm×35cm
里布30cm×55cm
贴缝部分1～10各10cm×10cm
铺棉45cm
薄布衬90cm
口部拉链布
(表+铺棉+薄布衬)2片
(里+薄布衬)2片
20cm塑钢拉链1条
2.5cm宽衣架形环2个
2cm宽合成皮织带140cm
蛋形钩2个

做法

1.请依贴缝图案1～10的次序，分别将布料以手缝贴缝到A布上面，再与点点B布车一起先完成表布。另一块表布则取A布缝上B布，不需贴缝。
2.将完成的2片表布及点点布先铺棉再压线。
3.将纸型A、B合成一个完整的纸型，以此纸型裁两块表布，缝份需外加。
4.相同方法剪下C布1片、D布2片。
5.里布烫上薄布衬，外加缝份剪下。
6.剪布6.5cm(宽)×5cm(长)2片，宽边正面对正面车起来，翻到正面烫平(布条完成尺寸为2.5cm×5cm)，即可将布条穿入衣架形环里，并固定于C布两端的正中央。
7.将两片D表布及两片D里布，分别夹车拉链两端(注意：布跟拉链中心点要对齐)，车好后翻到正面，在靠拉链的两端车上一条临边线固定，避免卡到拉链。其余布边先疏缝一圈，便于组合。
8.将里布C与表布C正面对正面对齐，并在两端车缝。
9.缝份需用卷针缝固定。
10.将C里布翻回正面，布边再跟C表布边疏缝一起。
11.将两片表布与步骤10的侧身车缝一起，先车直线处，后车转弯处，转弯处需剪牙口。
12.将整个外袋车好。
13.包包再翻回背面朝外，将里布(A+B)与表布(A+B)正面对正面沿刚刚组合的车线再车一次，需留返口。
14.车好后，需先卷针缝把缝份固定，缝份都往两面倒，勿往侧身倒。
15.从返口将包包拉出，并将返口贴缝好。
16.相同做法完成两边的里布。
17.2.5cm宽合成皮织带穿入蛋形环，并将织带前端的合成皮部分剪掉1.5cm，织带折两折，打上固定扣固定即可。
18.整烫，娃娃图案上点腮红，完工。

❶

❷～❺

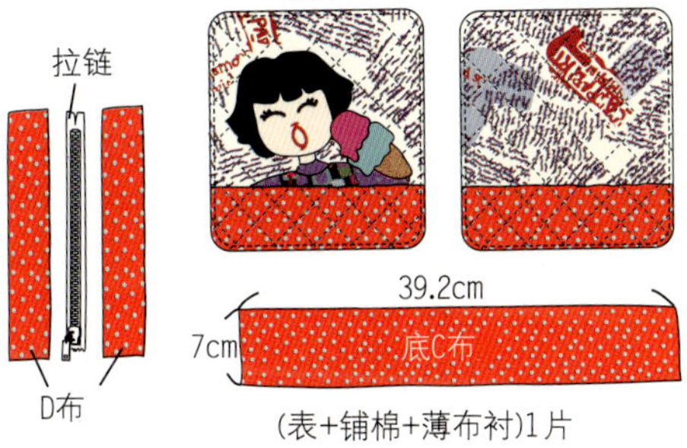

(表+铺棉+薄布衬)1片
(里+薄布衬)1片

❻～⓮

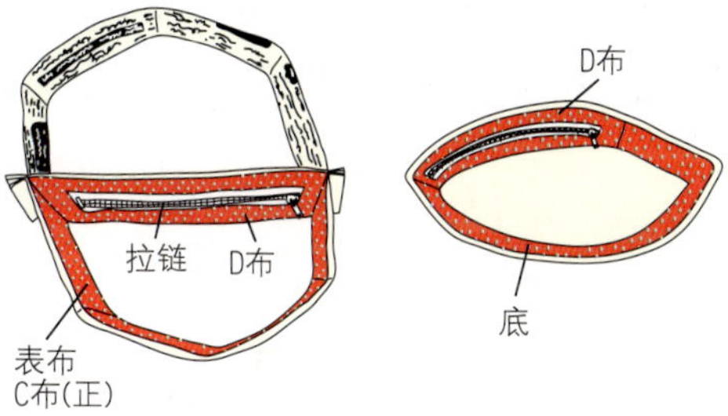

⓯ ⓰

⓱⓲

完成图

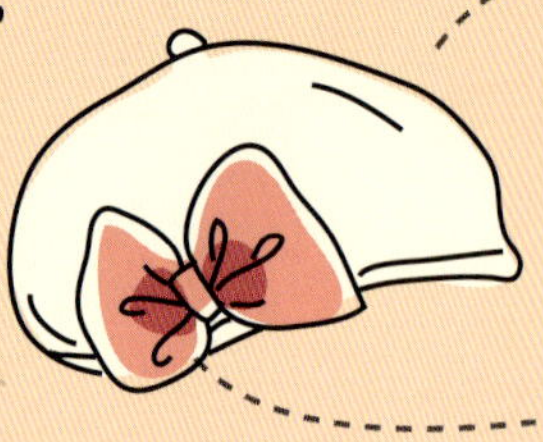

去法国写生吧！（第四回）

桃子妹妹香颂零钱包

桃子妹妹戴起画家贝雷帽，
坐在左岸河畔喝咖啡写生。
可可豆的香味引人向往，
自己也好像变成小小艺术家。

完成尺寸:11cm×9.5cm

■作品设计、制作、做法提供 / Judy
■摄影 / Akira ■文字 / 璟安 ■做法绘图 / 宇柔
■美术设计 / 薄荷茶

●内附原尺寸图

Dress' Point:
贝雷帽的原名为béret basque，是法国牧羊人的爱用帽款。用紫色格纹先染布表现，非常讨喜。

略难 ★★
适合拼布程度中上者

作品欣赏

桃子妹妹午后时光侧背包

在巴黎的露天咖啡座，
来一杯温醇可口的Capuccino，
唇边沾满白色牛奶泡泡，
我的狗狗嘴馋只能汪汪叫。

Woof!Woof!

Back look!

材料

表布及配色布若干色
铺棉1块
里布1块
布衬1块
滚边布
咖啡色绣线少许
造型扣2颗
15cm拉链1条
皮制吊饰1条

做法

1.依纸型裁表布、里布、布衬，纸型除滚边的部分已含缝份，其余都需要另外留缝份。
2.依图示贴布缝顺序完成前、后片贴布及拼贴，接合成一片。
3.表布+铺棉+布衬三层压线，依图示完成回针绣（表情1股，其他为2股）；缝上造型扣。
4.眼睛以黑色压克力颜料上色，并用白色压克力颜料点上亮点即可（浣熊的眼睛，先用白色压克力颜料涂圆形）。
5.完成表布压线，里布烫上布衬。
6.表、里布反面对反面，疏缝后缝上滚边，再缝上拉链。
7.将上好拉链的袋身正面对正面，两侧以卷针缝合至拉链止点。
8.袋底缝2cm的三角底。
9.拉链头挂上皮制小吊饰，可爱的香颂零钱包就完成喽!

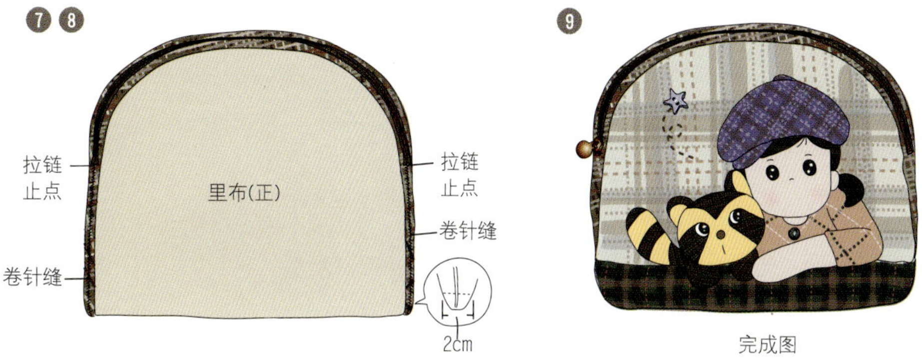

古文明的奥妙（第四回）

作品尺寸:36.5cm×46cm

微笑高棉

世界七大奇景之一"吴哥窟"，
原为柬埔寨帝王京都，
现成为举世闻名的景观。
石像的微笑神情，
为高棉更增几分神秘色彩。

House' Point:
以手染布特色表现出石刻的线条，因时间洗礼而成的渐层色彩，让宏伟的古文明建筑更让人惊叹。

■作品设计、制作、风景相片提供／乡村拼布教室张贵樱老师
■摄影／Akira ■文字／璟安 ■美术设计／薄荷茶

●内附原尺寸图

作品欣赏

古木奇石

从天而降的树，
看起来像是倒着生长的呢！
我用拼布记录旅行，
把那些有趣的事物都写下来。

米兰橱窗（第四回）

完成尺寸: 35cm×27cm

米兰女孩侧背包

时髦的女孩，
走在时尚的米兰尖端。
用最自信的笑容，
展现意大利街头的迷人风景。

初学 ★
有拼布基础的初学者

Shopping's Point:
将女孩为主题的图案布置于袋盖，搭配黑色系点点布，在黑白相间的视觉对比下营造流行氛围。

■作品设计、制作、做法提供 / 木棉坊拼布美学洪凤珠老师 ■摄影 / Akira
■做法绘图 / 宇柔 ■文字 / 璟安 ■美术设计 / 薄荷茶

●内附原尺寸图

作品尺寸：17.5cm×12cm

罗马假日万用护照夹

豆蔻年华的女孩，
许愿池前合掌默许——
祈祷能和梦里的白马王子，
相遇在最美丽的罗马假日。

Open!

材料

袋盖：表布30cm×30cm1片
　　　里布30cm×30cm1片
袋本体：表布×60cm
　　　　里布×60cm
单胶棉 60cm
书包皮扣1组
侧皮片D形环 2个

做法

1. A表布＋单胶棉做2片。
2. 背后口袋表布＋厚布衬与里布上口布，平针缝合。
3. 背后口袋疏缝于袋本体表布上，中心线缝一道间隔线。
4. B侧布表布＋单胶棉做1片。
5. A＋B＋A(表)半回针缝合后，再修棉并卷针缝合。
   A＋B＋A(里)平针缝合后，底部留返口约14cm。
6. 袋盖表布＋单胶棉与里布半回针缝合，藏留返口并修棉，翻至正面，返口藏针缝合。
7. 表袋与里袋正面对正面上部半回针缝合一圈，再修棉并卷针缝合，翻至正面，缝合返口。
8. 袋盖与表袋如图重叠，车缝一道。
9. 上书包皮扣与侧皮片D形环。
10. 完成。

❶
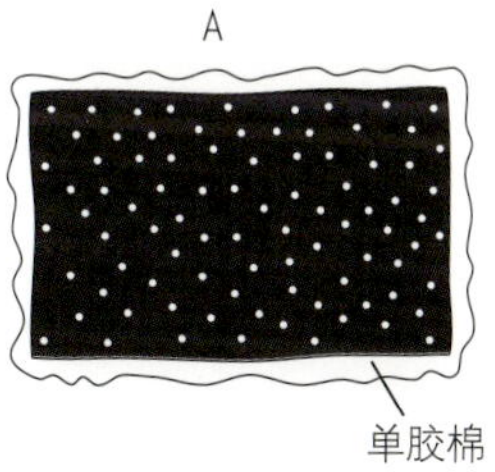

❷❸
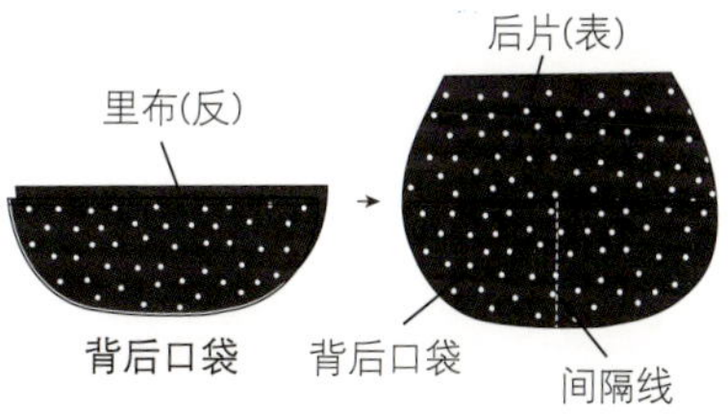

❹
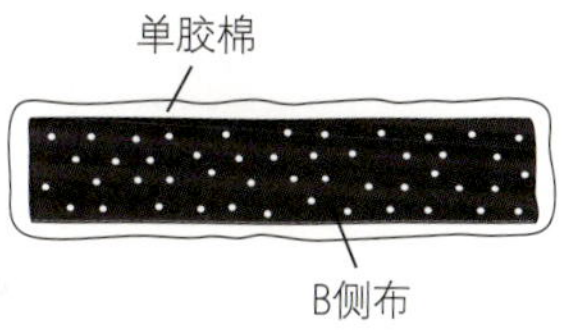

❺
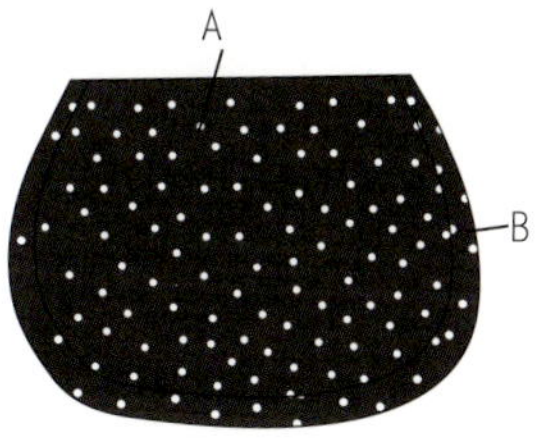

❻
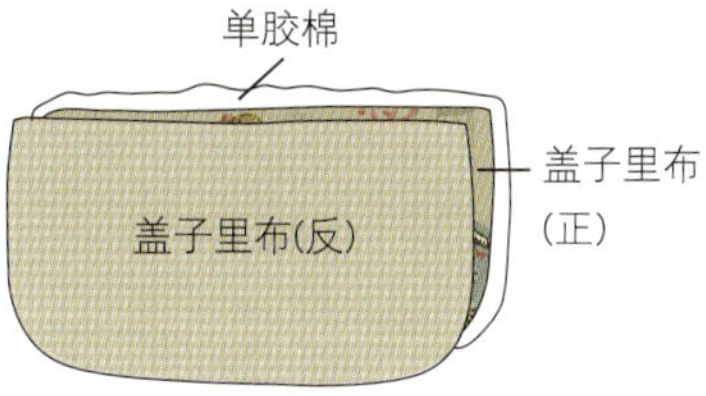

❼

❽ 背后图
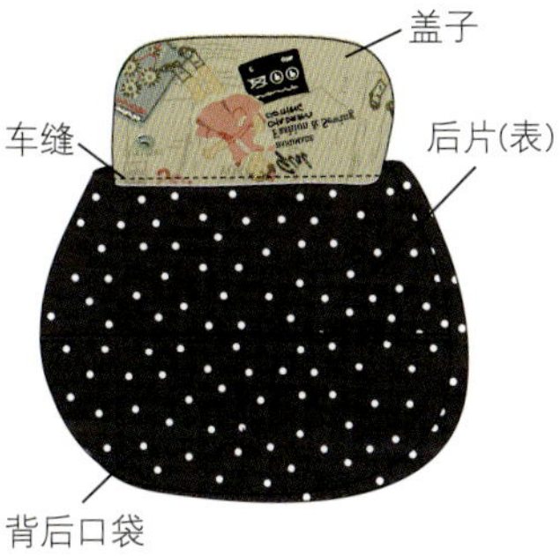

❾
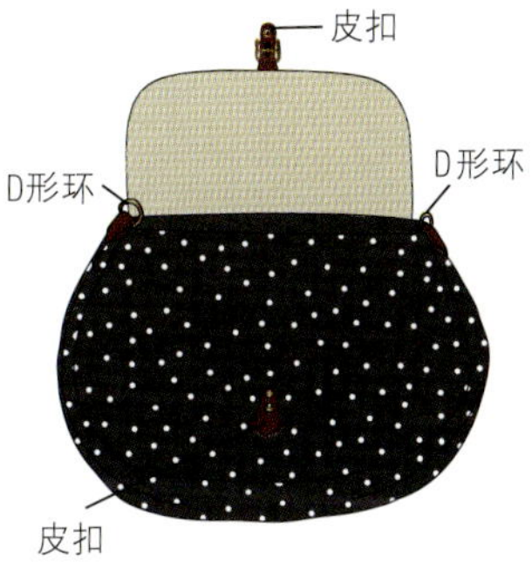

❿

完成图

BIKINI HOT
嘻哈年代

完成尺寸:17cm×26cm×4.5cm

Ocean or Fashion
热情仲夏　嘻哈甜心手提袋

以亮丽的红色及明朗的黄色，
做出规则的三角形图案拼接，
带出比基尼图案布主题。
可爱的小袋物，
就像是正在海滩上做着日光浴、
穿着清凉的年轻女孩，
因为阳光的照射，
白皙的皮肤更显得明艳动人。

● 背面使用一整片花布
菱格压线。

初学 ★
有拼布基础的初学者

● 内附原尺寸图

■作品设计、制作、做法提供／阿Kat　■做法绘图／宇柔
■摄影／Akira　■文字／璟安　■美术设计／薄荷茶

作品尺寸:23cm×28cm×6.5cm

桃红是女孩的恋爱时代，
最适合穿着水钻夹脚拖鞋，
在风吹的好日子趴趴走。
我衣柜里的比基尼，有好多种颜色。

材料

图案布12cm×16cm
配色布5款，每款30cm×30cm
后袋身布20cm×28cm
侧袋身表布9cm×70cm
滚边布4cm×42.5cm
里布110cm×40cm
30cm提手1组
单面胶棉110cm×40cm

做法

1.图案布与配色布依照拼接图形拼缝完成前袋身表布，烫上单面胶棉并压线。
2.后袋身表布与侧袋身表布分别烫上单面胶棉并压线。
3.侧袋身与前、后袋身表布接合完成表袋。
4.裁剪里布袋身2片与侧身1片，接合完成里袋。
5.里袋套入表袋内，袋口疏缝一圈固定，再滚边一圈收尾。
6.缝上提手即完成。
※可自由变换图形比例与配色，完成可爱实用的简易提袋。

GRAFFITI STYLE
随性涂鸦风

现在是可爱时袋！ NEW! Bag 1

Bag design:
侧背、手提一包两用。

悠闲·散步夏之曲两用包

今年夏天，
最适合用简单线条的涂鸦风格来代言。
随性的手绘防水布，
雨天出门携带也很方便！
搭配装饰珠链、迷你口金、
复古感时钟木刻吊饰等素材，
手提与侧背一包两用，实用又可爱！

完成尺寸:31cm×22cm×8cm

今年超流行的迷你口金，
就是要“萌”翻你的视觉！

略难 ★★
适合拼布程度中上者

■作品设计、制作、做法提供／贝佳时尚布工坊詹智成老师 ■做法绘图／宇柔
■摄影／Akira ■文字／璟安 ■美术设计／薄荷茶

●内附原尺寸图

作品尺寸:圆直径13cm×底9cm

作品欣赏

漾蓝小圆包

娇小可爱的同布款圆包，
将蕾丝与珠珠装饰成小屋的形状；
缝上时钟，营造出家的温馨感，
满足手作人的创意玩心。

小圈圈压线像是女孩吹的泡泡，悠闲地和猫咪去散步。

材料

用布依纸型裁剪
A表2片、里2片(缝份外加)
B面口袋，表1片、里1片(缝份外加)
C上侧身39cm×3.5cm，表2片、里2片(缝份外加)
D下侧身63cm×7cm，表1片、里1片(缝份外加)
40cm双头拉链
3cmD环2个
长把钩环布13cm×3.5cm2片(含缝份)
内袋取图13cm×31cm2片(缝份外加)
25cm×12cm2片(缝份外加)

做法

1.取布依纸型A-D裁剪所需片数，面口袋及1片A加铺棉，上、下侧身C、D加铺棉(此包款加铺棉或布衬皆可)。
2.如图完成以下内容：
①表布(面口袋)+铺棉+坯布压棉。
②A后片表布1片，压棉+铺棉+坯布，前片表布1片。
③上侧身(表)2片，各与铺棉+坯布，里侧身2片。
④下侧身(表)2片，各与铺棉+坯布。
⑤里布2片各加内袋完成。
⑥长把钩环布套入D环布。
3.将步骤2里的①、③组合(①加里布滚边)。
4.将2个表面上出芽。
5.夹车拉链(上侧身)。
6.将上、下侧身接合，接合处收边(接合时夹入D环布)。
7.接合表布，完成此包且内收边。
8.上皮把并加上装饰木扣、小花皮扣、装饰珠、小亮片即完成。

1、2

①

②

③

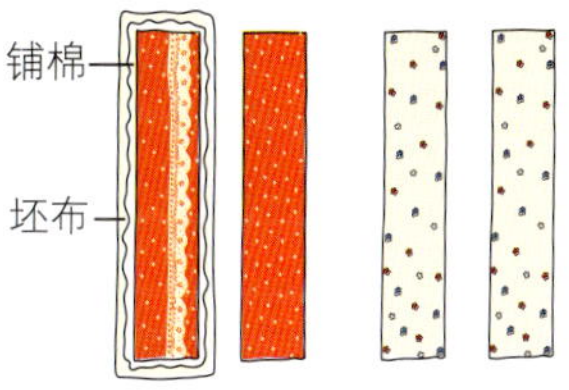

④

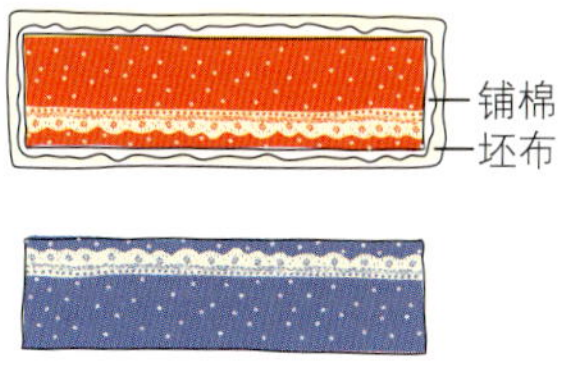

⑤

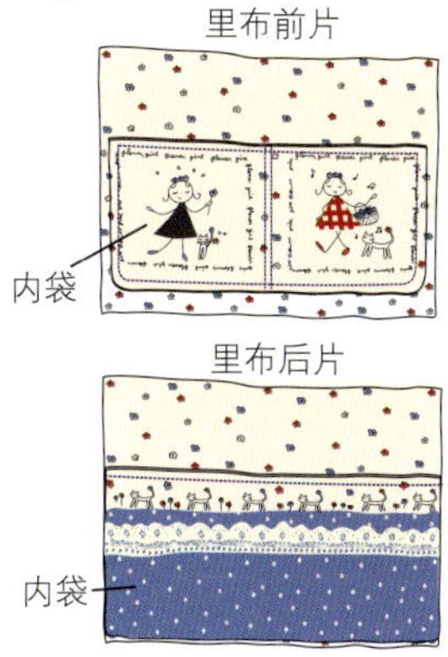

⑥

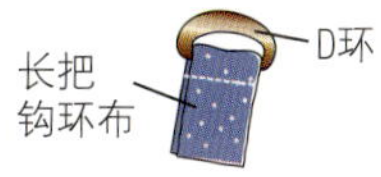

3、4

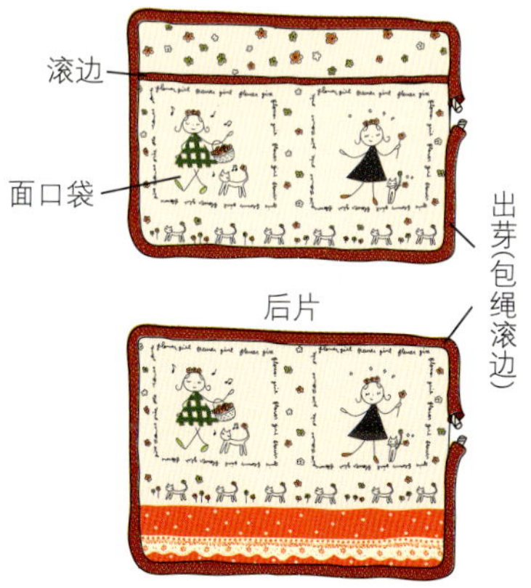

5.

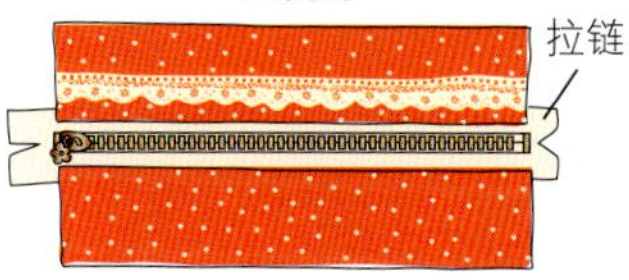

6、7

8.

完成图

流行新布播报

RJR经典复刻版布 NEW!

静谧日常·仕女典藏毛巾环

■作品设计、制作、提供／隆德贸易有限公司 颜淑媛老师（壁饰）、许爱敏老师（毛巾环）、李青绮（围裙）
■摄影／C.CH ■文字／Brownie ■美术设计／Celina ■内附原尺寸图

复刻系列的布料拼接，
缀上钩织蕾丝的装饰，
悬挂出生活中的优雅静好。

飘散着怀旧复古气息的布料，
随意拼接充满惊喜的新印象。

完成尺寸：16cm×11cm
制作方法请参考P.107

作品欣赏

美味关系·仕女典藏围裙

替亲爱家人做晚餐的好心情，
从穿上一件赏心悦目的围裙开始。

作品尺寸：55.5cm×75cm

美好日子
大厨典藏壁饰

完成尺寸：约100cm × 100cm

忙碌的意大利面主厨，
也会偷空杂耍玩乐器，
或是趁着午后闲打盹，
度过美妙充实的一天。

难
适合挑战创作的拼布者

制作方法请参考P.104

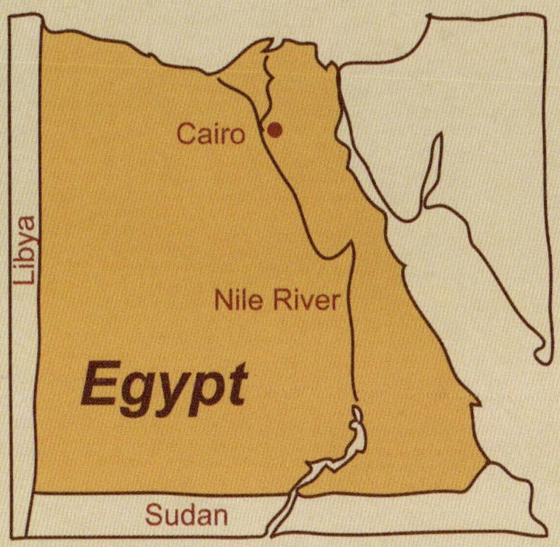

环·游·布·世·界

Travel 4 **Egypt** 埃及

没有飞机也能环游世界，
跟着作品一起去旅行！

■作品设计、制作、文字提供／林雅樱老师
■摄影／J.J. ■撰文整理／Brownie ■美术设计／薄荷茶

古文明的如幻似影·埃及巡礼

••• 作品尺寸：50cm × 30cm •••

设计缘由

非洲之旅原本并不在我的旅游规划内，然而，因为外子参加健康减重比赛获得台北第一名，获得免费埃及旅游，让我们得以来趟古文明之旅。

壁饰左侧碎布以轮刀随意切割，右边碎布以剪刀剪出叶形，再以自由曲线机缝固定，中间使用棉布、薄纱等不同材料，一次若干片一起车缝呈现立体感，留下渐层车线以表现河流的律动。另以金色透明纱折出神秘的金字塔。选择多种素材进行创作非常有趣，犹如再度回到金字塔前骑骆驼、听故事，尼罗河游轮上每天缝拼布喝下午茶的幸福之旅。

100 + 布绘 = Taiwan 100 Cotton Paniting

拼布百分百

将深浅颜色的剩布剪成小碎片，以渐层方式排列，表现出设计图案，
使用白胶粘成数字100，干了以后，图案会有硬硬的立体感觉，
如此另类又别出心裁的布绘创作，让制作特色壁饰的技法
又多了另一种新的创意诠释，读者在家不妨也试试这样有趣的布绘玩法吧！

将不同元素与拼布结合成小壁饰，庆祝辛亥革命100年的幸福百分百！

■作品设计、制作、提供／胡金治老师 ■文字／璟安 ■美术设计／Celina
■情境摄影／詹建华 ■作品摄影／J.J

玫瑰花束

背景颜色象征蓝天和白云的平和气象，用粉红色的玫瑰花束，庆贺辛亥革命100年，特别将数字“1”做成台湾的形状，绿色代表全球提倡的环保意识，节能、低碳是我们共同追求的新生活方式喔！

彩带飞舞

暖色系的彩带，在晴空万里的好日子轻舞飞扬。将台湾染成热情的大红色，表现居住在这个土地上的人个人都拥有自信和活力。

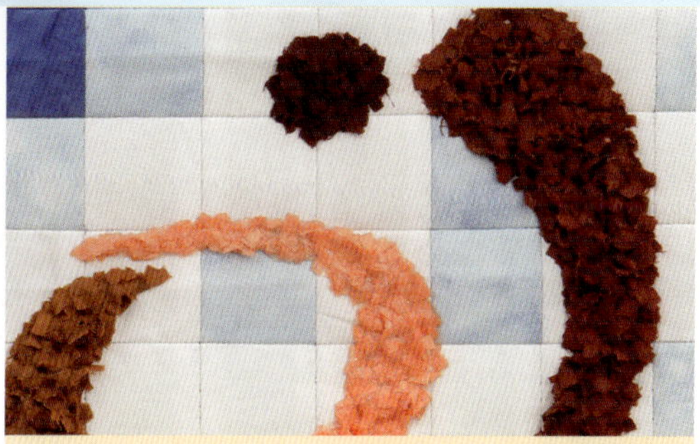

奔腾的彩带系着喜悦和满满的祝福，手舞足蹈。

100th Happy Birthday !

棒棒糖

把“0”变成甜蜜蜜的棒棒糖吧！3.5cm的方格拼接，铺成棒棒糖的棉花糖大床，我的台湾是巧克力口味，撒上杏仁片，美食王国的风景尽收眼底。

讨喜的棒棒糖造型，一圈一圈裹着甜蜜的滋味，我们的365天都有甘之如饴的好心情。

我的绣珍布包

大大的布包，
绣着小小的袖珍袋物，
口金包、马歇尔包、方包……
把最爱的私房袋型，
通通收藏在一起吧！

袖珍版的可爱小布包，
真是俏皮的设计！

包包的背面有一把刺绣的钥匙，
拉链也是绣出来的，
可别真的拉开啊！

制作方法请参考P.111

完成尺寸：38cm×22cm×13.5cm

■示范教学／陈慧如老师 ■情境摄影／詹建华 ■教学摄影／J.J ■文字／璟安 ■美术设计／Celina

●内附原尺寸图

Techniques
来学刺绣技巧（封闭型扣眼绣）

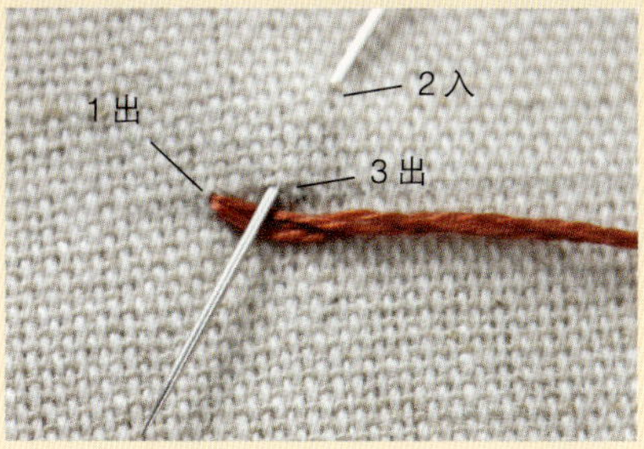

a. 如图 1 出后从上方 2 入 3 出。

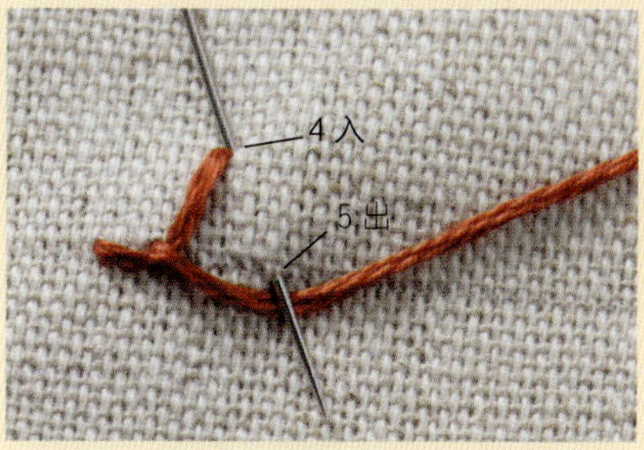

b. 如图从 2 处入 4 入 5 出。

c. 拉出线。

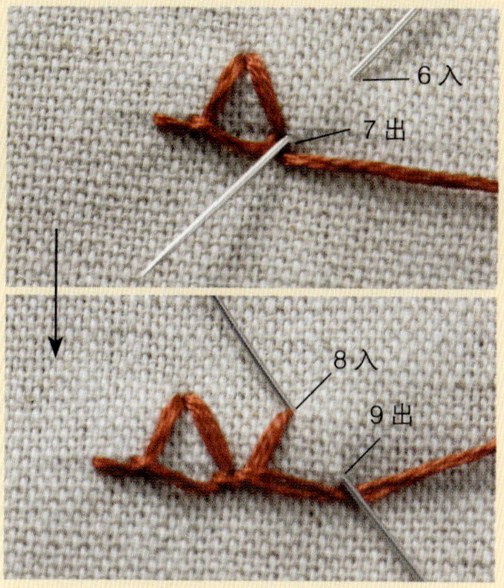

d. 再从右斜上方 6 入 7 出。再从右方 8 入 9 出（8 入与 6 入处相同位置）。

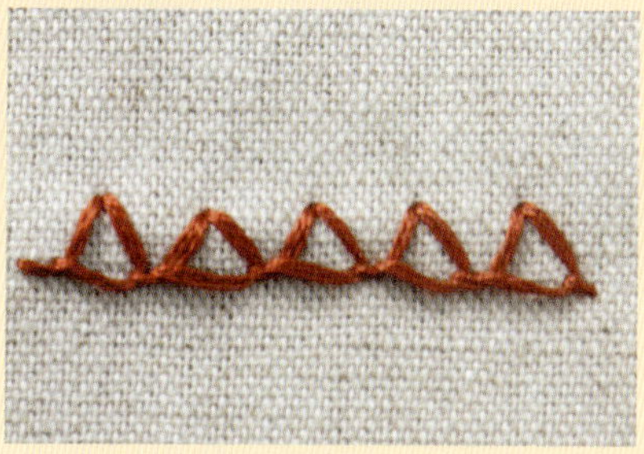

e. 重复步骤 a–d 即完成。

Techniques
来学刺绣技巧（葡萄牙结粒茎绣）

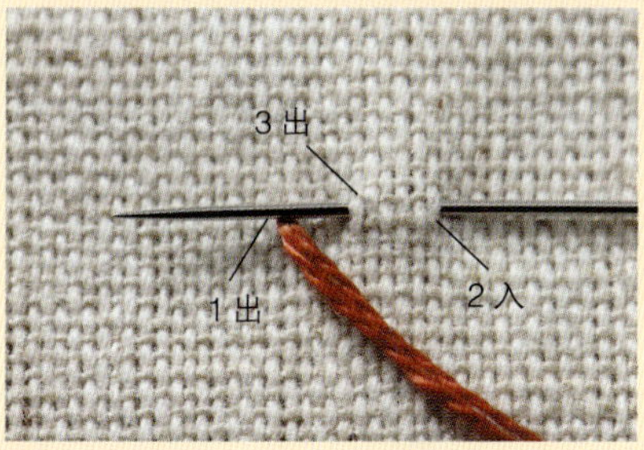

a. 如图出针。

b. 从第一针中间穿出后绕一圈。

c. 再绕一圈后，拉出。

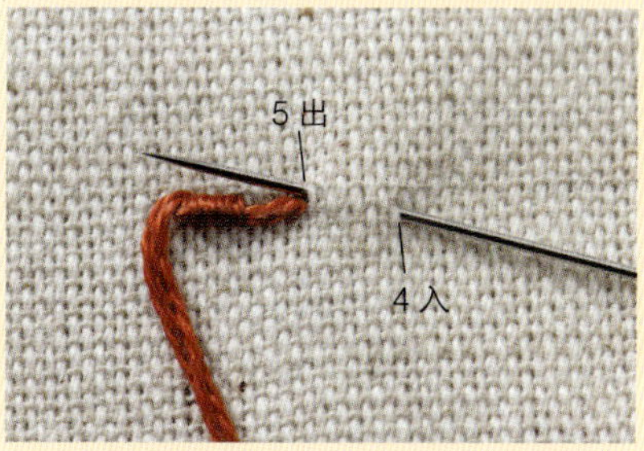

d. 再由右方 4 入 5 出（5 出与 2 入处相同位置）。

e. 如图从圆圈处穿出。

f. 重复步骤 a–e 即完成。

达人的拼布讲座
Live
拼布VS家饰

夏秋之森 · 大地挂钟

走入枫叶泛红的季节，
森林里冒出小小的蘑菇，
还有遍地散落的朵朵黄花，
时间正随秋日节奏缓缓走着。

完成尺寸:圆直径30cm

边框的彩绘小花，
仿如缤纷绽放的秋夜焰火。

利用不同的技巧，
做出多变的花朵表情。

■作品设计、制作、示范教学 / 林彦君老师 ■彩绘设计 / 林祐竹老师 ■情境摄影 / 詹建华
■文字 / Brownie ■教学摄影 / Milk ■美术设计 / 薄荷茶

制作方法请见P.112
●内附原尺寸图

1. 在纸上剪一直径30cm的半圆，对折再对折，依纸型描出轮廓剪下，不需留缝份。

2. 将纸型以珠针固定于贴布上，用水消笔依轮廓描出，相同方法描出一个完整的圆形图案。

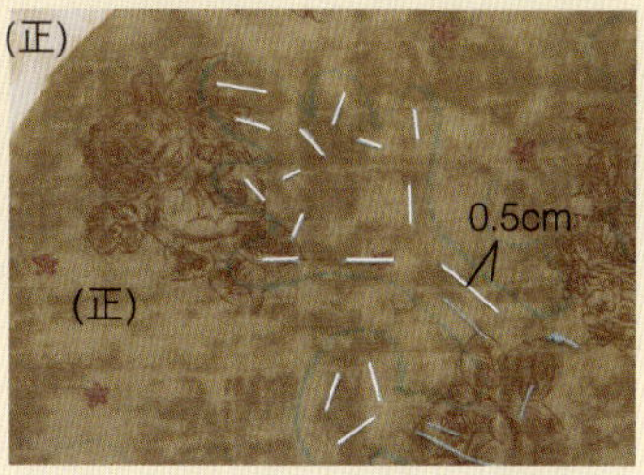

3. 底布(45cm×45cm)的中心对准贴布的中心，先十字疏缝，再沿着图形走向疏缝，疏缝线与图形的轮廓需留0.5cm的距离。

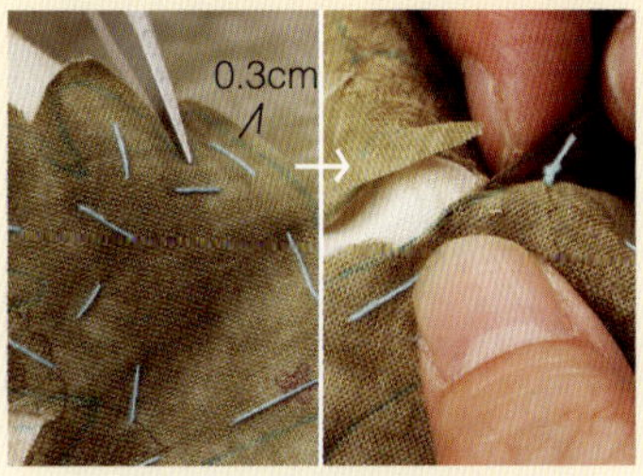

4. 沿着贴布边缘剪0.3cm的缝份，弧度处需剪牙口，边剪边缝。

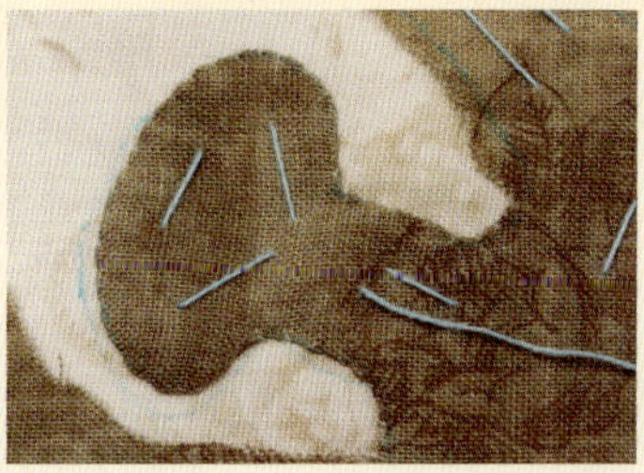

5. 贴布完成如图。

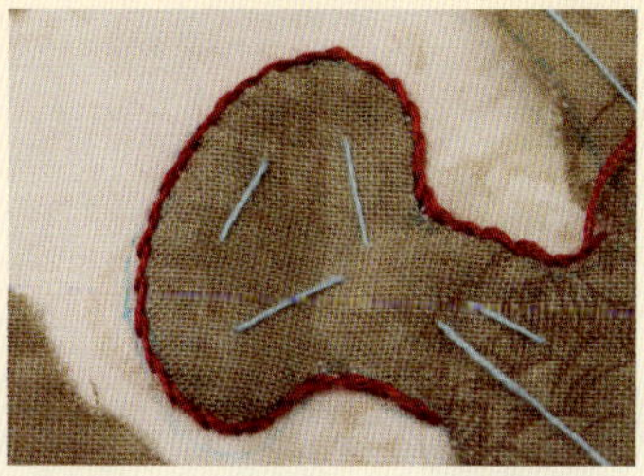

6. 边缘可加上轮廓绣，强调图案的立体感。

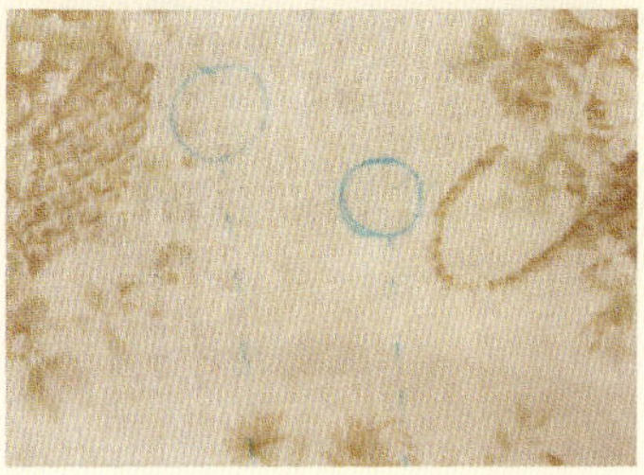

1. 用水消笔画出直径1cm的小圆及刺绣的虚线。

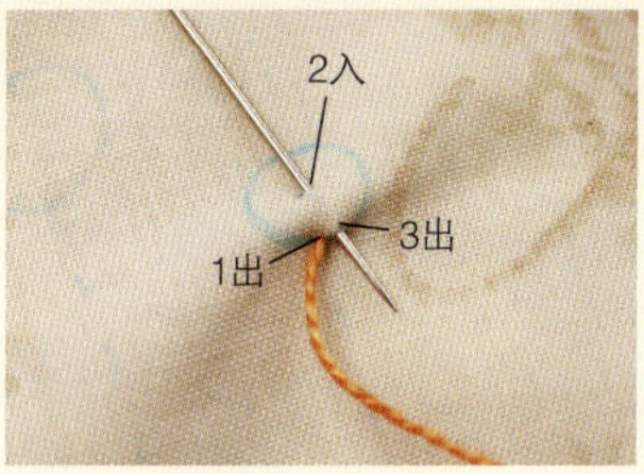

2. 1出2入3出。

3. 拉紧线。

4. 重复步骤2~3，完成小圆。

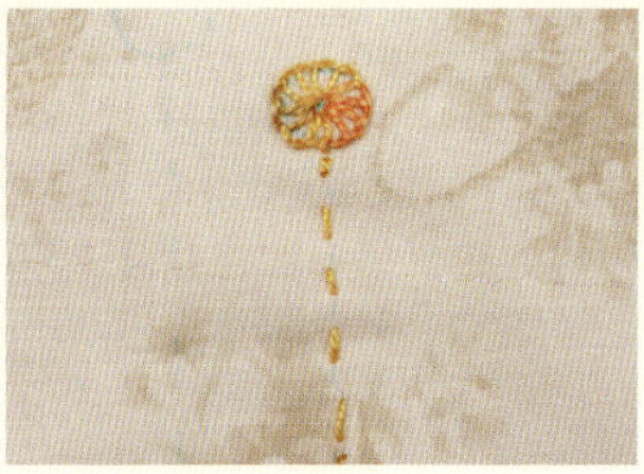

5. 用平针缝出虚线部分，结束时回针缝，完成小花。

※请使用正反两面织纹相同的布料，如先染布。

1. 剪下一直径3cm的圆，折入0.3cm缝份并缩缝一圈，再将缝份往外翻。

2. 将线头缝于正面。

3. 完成图。

Clock!

ANNA GRIFFIN · CARMEN COLLECTION GF0007 · ©2010

Anna Griffin的梦幻世界

来自美国的设计品牌Anna Griffin，以优雅梦幻的图案设计闻名，涉足布料、纸张素材、精致卡片、手作礼物等领域，试图在拼布界打造浪漫美好的“经典安娜风潮”！

The Wizard of Oz

绿野仙踪时尚提袋

漫步在玫瑰草原的精灵，轻吻了包包上的粉斑花蝶。桃红色的微风温柔拂过，邂逅一场时尚的绿野梦幻。

■示范教学／隆德贸易有限公司 苏怡绫老师
■情境摄影／詹建华 ■教学摄影／J.J.
■情境文字／璟安 ■做法文字／Nanami
■美术设计／Celina
■内附口布尺寸图

完成尺寸：约40cm×28cm×12cm

材料

表布、里布各60cm
口布 40cm×15cm4 片
法国扣环 1 组（外径 4.8cm）
厚布衬

缝纫机

BERNINA B380

How to make

☆单位：cm ☆以下尺寸皆已含缝份1cm

1. 将尺寸画于厚布衬上（厚布衬 2 片，尺寸 46cm×51cm），剪下烫于表布与里布的反面（表布与里布的尺寸 48cm×53cm）。

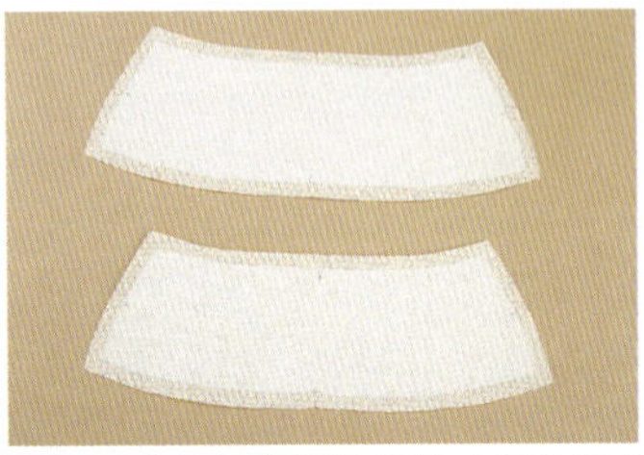

2. 口布与厚布衬依原尺寸图各裁 4 片，将厚布衬烫贴于口布的反面。

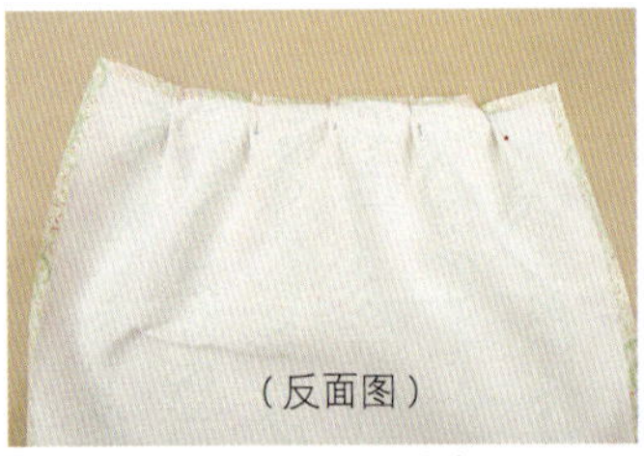

3. 如图上、下抓褶（请参考抓褶尺寸图）。

4. 正面图。

5. 口布 2 片，用珠针如图各固定于表布的上、下方（口布与表布的正面相对）。

6. 完成表布的口布接合。

7. 里布相同方法完成口布接合。

小知识

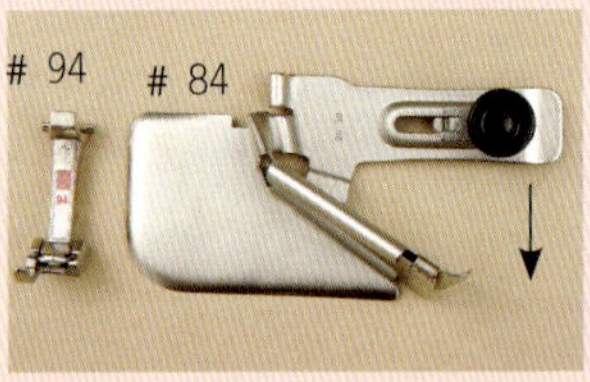

84 压布脚需与 # 94 压布脚搭配，此次示范 # 84 压布脚的尺寸为 26 ~ 30mm，布条（斜布纹）宽度原本为 2.6cm，缝合完成的宽度为 0.7cm。

※ 另有 20 ~ 24mm 及 22 ~ 26mm 的尺寸，可完成极细的边条设计，也可当滚边器使用，非常方便喔！

蝴蝶结的绑绳

8. 换上 # 94 压布脚，将 # 84 压布脚装于缝纫机上的洞内，再锁上螺丝。

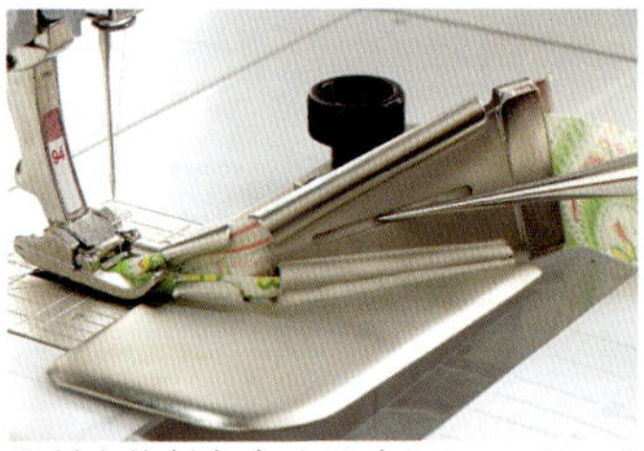

将斜布纹长条布（尺寸 2.5cm×40cm）放入 # 84 压布脚的沟槽内。

9. 可使用锥子辅助将布塞入车缝。

10. 缝合完成。

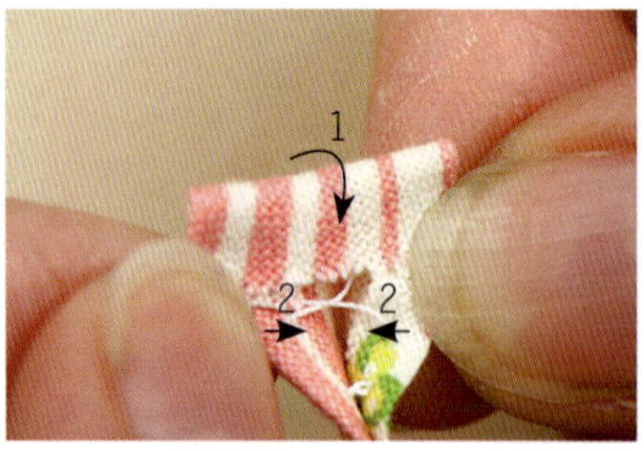

11. 尾端处各拆开一些，如图将缝份折好再车缝。

12. 绑好蝴蝶结即完成。

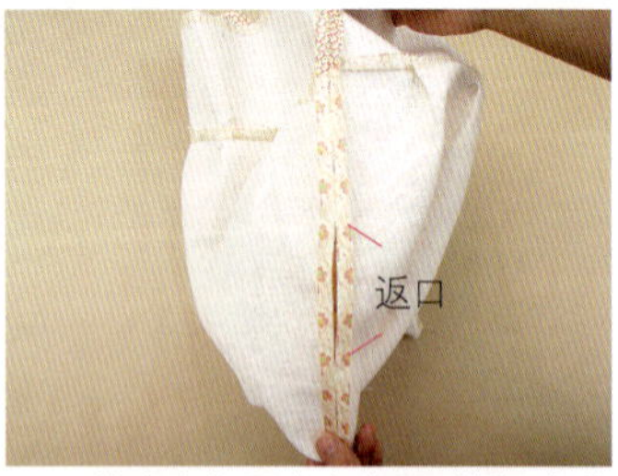

13. 将表布与里布各如图对折（布的正面相对），缝合两侧至止缝点记号处。
※ 注意：里布的一侧需留返口。

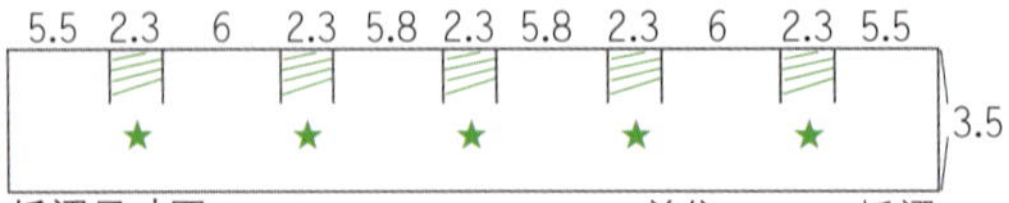

抓褶尺寸图　　单位：cm ★抓褶

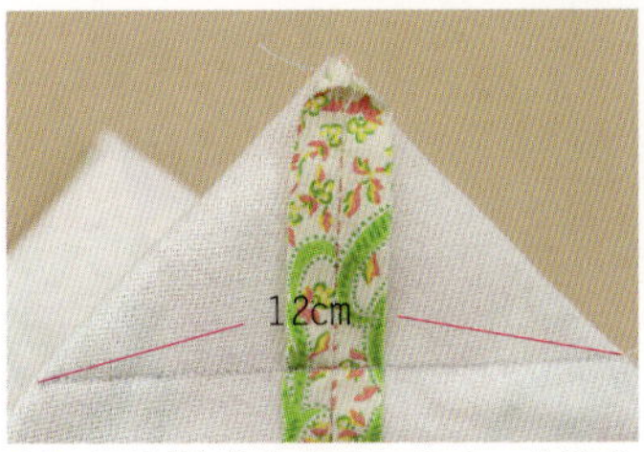

14. 两侧的袋底各抓三角底，车缝完成。

18. 打开步骤 12 绑好的蝴蝶结，将中心点缝合固定于袋子的中心处并打结完成。

22. 记号处的布剪开，子扣放于袋子内侧再与母扣相扣。

24. 将手把放入扣环内，往反面折，套入的长度需比袋口处多出 2cm 并用强力夹固定。

15. 将表袋塞入里袋内（布的正面对正面）。

19. 裁提手布（尺寸 7cm×60cm）、厚布衬（尺寸 5cm×58cm）各 2 条，将厚布衬烫贴于提手布的反面上。

23. 其他 3 个扣环相同方法完成。

25. 缝合固定提手即完成。

16. 袋口处用珠针固定，从步骤 13 的止缝点开始缝合至另一个止缝点。另一片相同方法缝合固定。

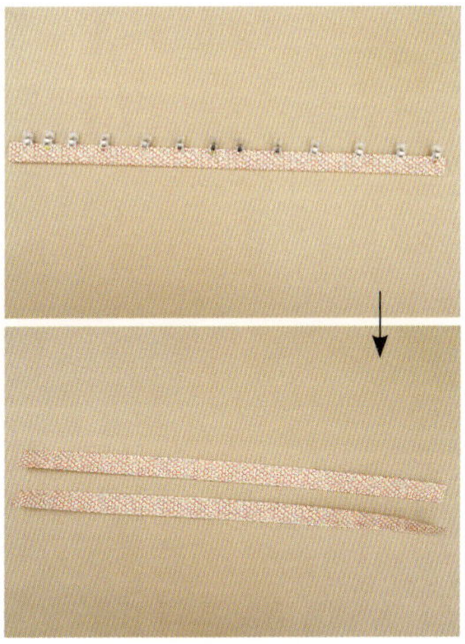

20. 提手布其中一条将左右缝份往中心折再如图对折（布的反面相对），用强力夹或珠针固定，缝合固定上、下侧。另一条提手布相同方法完成。

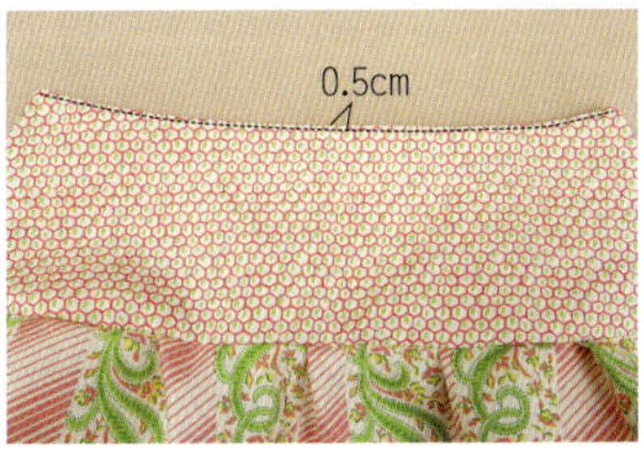

17. 将步骤 16 从里袋的返口处翻至正面并以藏针缝方法缝合返口处，距袋口处 0.5cm 压缝固定线。

21. 将法国扣环的位置找出，用水消笔画上记号。

Breezy Genie Cartoons 蓝色精灵

口布是时尚的千鸟格纹，
表袋有可爱的狗儿相伴，
蓝色的精灵魔法，吹起一股卡通旋风。

The face of flowers

魔法花颜长版上衣

花儿们的笑颜，
有种让人心情愉悦的魔力，
好似朝露滋润着清晨的阳光，
优雅地点上一抹甜蜜的唇彩。

■示范教学／隆德贸易有限公司 林佳雯小姐
■情境摄影／萧维刚 ■教学摄影／J.J.
■情境文字／璟安 ■做法文字／Nanami
■美术设计／Celina
■内附原尺寸图

完成尺寸：约46cm×75cm

材料

表布 180cm、蕾丝 90cm、熨斗定规

How to make

☆单位：cm ○数字为裁布时所需外加缝份 ☆处需拷克
未标示部分缝份外加 1cm

1. 依尺寸图裁前片与后片。

2. 再裁前、后片贴边与袖子2片。

3. 前片抓皱褶，用熨斗烫好并用珠针固定，车缝至止点处。

4. 裁宽2.3cm长11cm的蕾丝，将短的两边缝份往背面折1cm，再用珠针固定缝合。

5. 胸线处对折一半，用珠针固定（布的正面相对）。

6. 由外往内车缝，线需留长一些，剪掉后用手打结。

12. 步骤 11 的贴边放入领口处，布的正面相对并用珠针固定。

17. 将步骤16放入袖子的位置（布的正面相对），再车缝完成。
※ 另一个袖子同步骤 15～17 完成。

19. 贴边缝份用手缝的藏针缝方法缝合固定。

7. 完成。

13. 缝合一圈后，○记号处剪牙口。

18. 裙摆用“熨斗定规”往反面烫 3cm，车缝固定。

20. 完成。

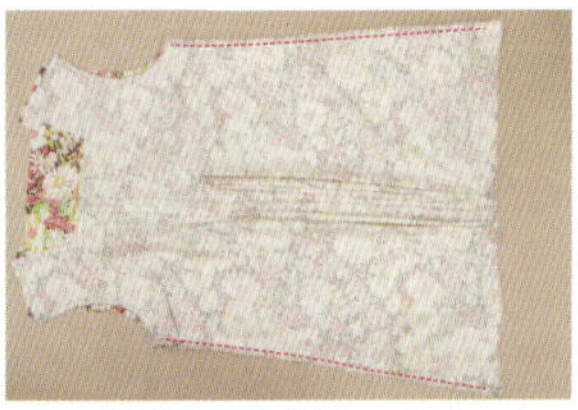

8. 前片与后片的正面相对，车缝肋边。

14. 翻至正面，压 0.1 ～ 0.2cm 的固定线。

9. 烫开缝份。

15. 袖子对折，缝合成圈状（缝份请烫开）。

10. 肩线处用珠针固定，缝合完成后再将缝份如同步骤 9 一样烫开。

11. 贴边 2 片，布的正面相对车缝成一圈（缝份烫开）。

16. 蕾丝车缝成圈状共 2 条（完成的直径为 15cm），袖口中央左右各折 1cm，再将蕾丝用珠针固定于袖口处。

粉红情怀

扎起辫子或是绑上马尾，
女孩们的造型总是百变；
微微透露出的甜美气息，
藏不住恋爱中的粉红情怀。

达人的创意拼布绝活

图案 VS 水晶

青苹果乐园背袋

和旋转木马一起飞吧！
映着阳光的湖面漂着小船。
带着孩子做梦的青苹果乐园，
每一天都是香香甜甜。

■作品设计、提供、示范教学／徐旻秀老师
■情境摄影／萧维刚　■情境文字／Csvmilk　■做法文字／Magi
■做法摄影／Bobi　■美术设计／Celina
■完成尺寸：约37cm×35cm

特殊的袋型设计，
侧边缝上一颗小鸟扣，
好可爱！

水晶提供／亿品服饰
http://www.tpediy.com.tw/

水晶苹果图案做法

准备水晶：6 号、10 号、16 号、水滴状 2 颗。

a. 将苹果图案画于纸上。

b. 将转印烫贴纸的保护膜撕开，图案纸如图置于中间，上方用纸胶带粘贴固定好再将保护膜放回。

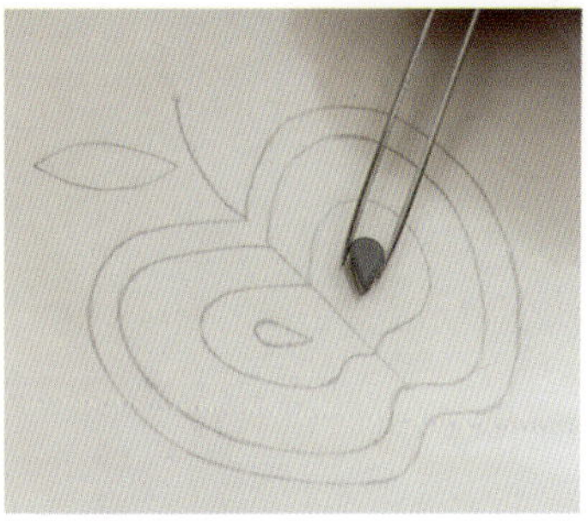

c. 用镊子辅助，夹水滴状水晶反向放上。

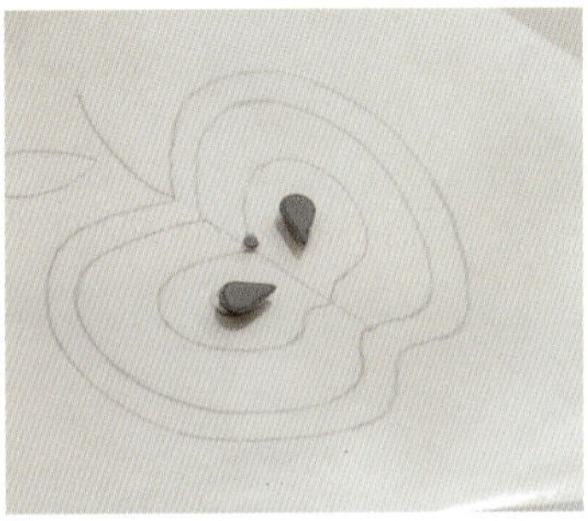

d. 另一个水滴状水晶也放上，中间反向放置 6 号水晶。

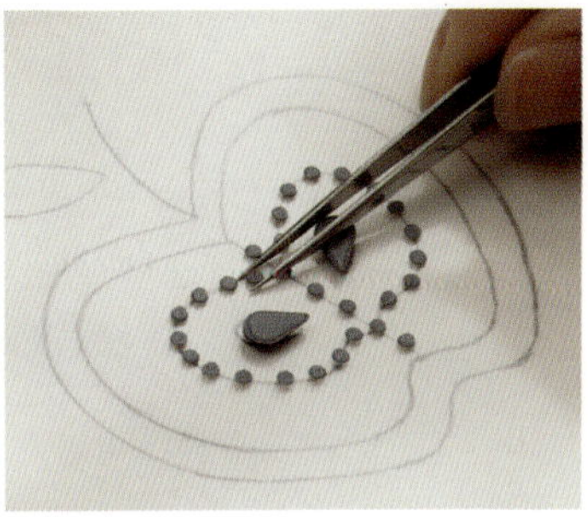

e. 第一圈完成。

f. 第二圈同方法完成 10 号水晶。

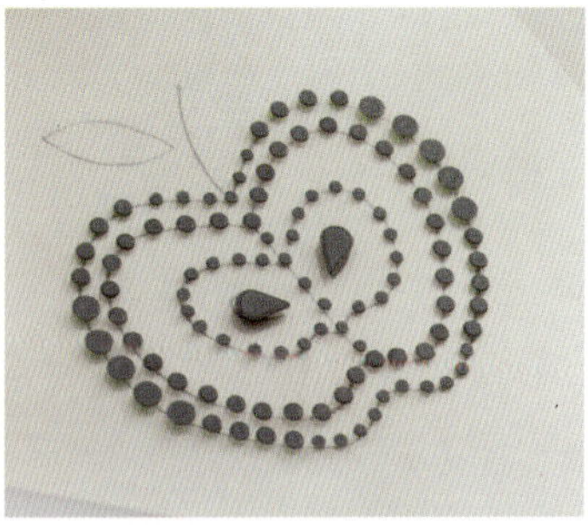

g. 最外圈可依个人喜爱混合排列 6 号、10 号、16 号水晶。

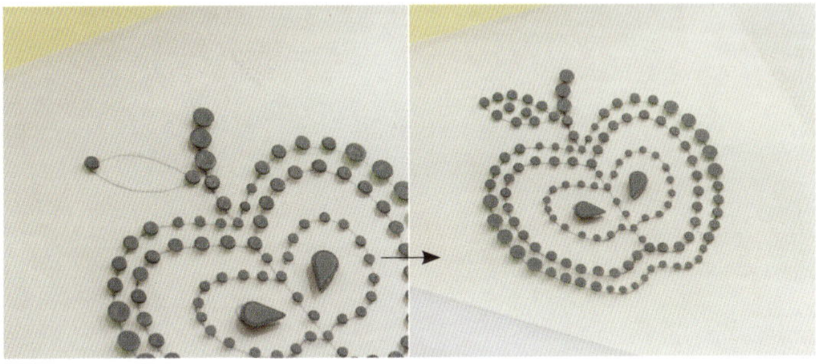

h. 叶子先放头、尾，再完成图案排列。

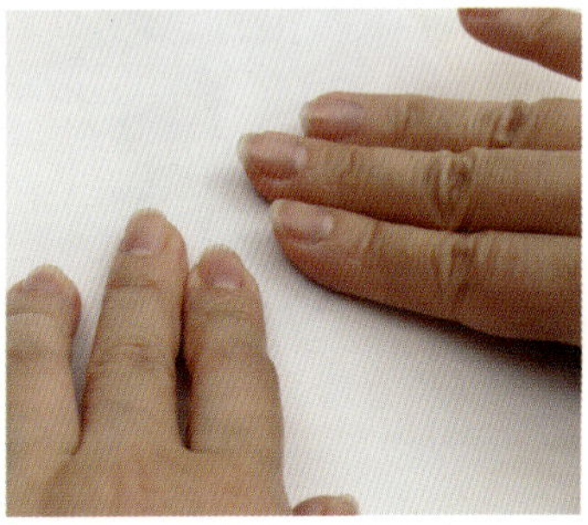

i. 盖上纸将水晶弄平，再翻回正面。

j. 完成苹果图案。

※ 读者可依此方法自由设计图案，将完成的水晶图案放于喜爱的位置上，撕开转印烫贴纸的保护膜，反向烫贴上即可。

HOW TO MAKE

材料

表布：酒袋布 60cm
里布：麻布 60cm
提手
装饰扣 2 颗 (直径 2.5cm)

做法

(缝份 1cm)

1. 依原尺寸图裁表布 2 片、里布贴边布 (使用酒袋布)2 片、里布 2 片。
2. 里布贴边布 + 里布各拼接完成内袋布 2 片。
3. 表布 2 片的正面相对，先缝合袋底，再缝合左、右侧身完成表袋 (袋底打角 14cm，与侧身接合时同步)。
4. 步骤 2 的内袋布与步骤 3 的表布相同做法完成内袋。
   ※ 袋底需留 8cm 返口。
5. 内袋套入表袋，布的正面相对，缝合袋口处 (弧度处需剪牙口)。
6. 由步骤 4 的返口翻至正面。
7. 袋口处压缝固定线，再缝上提手，侧边的袋底处各缝上装饰扣即完成。

夏季圆仔花提袋

俏丽的夏日紫色小提袋，让人眼睛为之一亮。
甜美可爱的编织圆仔花，朝气十足魅力朵朵。

■示范教学／陈莉雯老师 ■情境摄影／詹建华 ■教学摄影／J.J
■文字／Ange ■美术设计／Celina
■内附原尺寸图

利用同色系织带做成的提手，
为布的柔软质感完美加分。

Summer Flower

完成尺寸：约 27cm × 30cm

引拔针

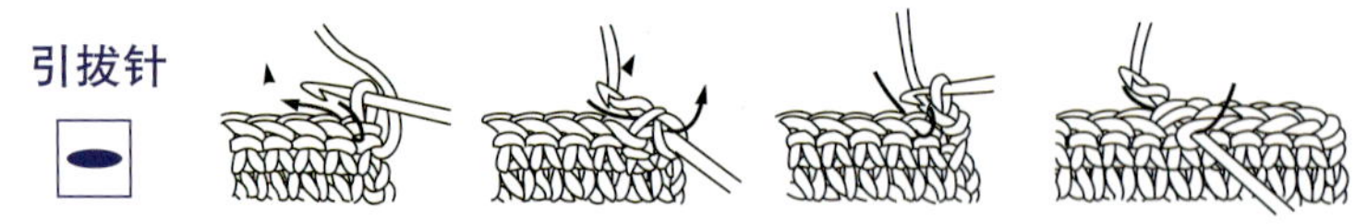

短针

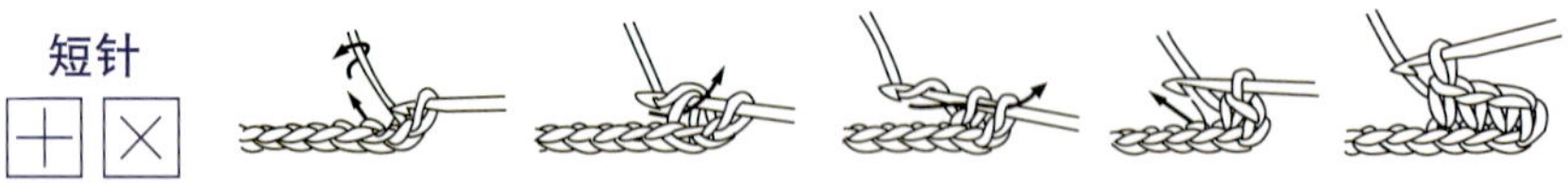

※JIS 记号所制定的短针记号是“×”

锁针

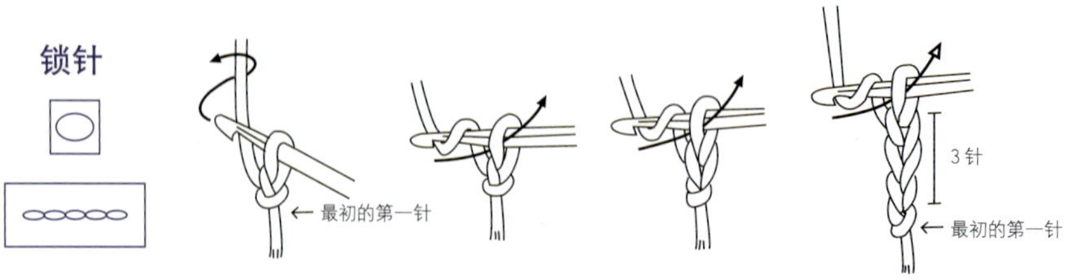

※ 基础针法示范请参考《巧手易》NO.43、NO.44“拼布＆编织”单元

材料

HOBBYRA　HOBBYRE
点点布（上片） 35cm×30cm
图案布（下片） 35cm×45cm
HOBBYRA　HOBBYRE 棉线 1 颗
里布 70cm×50cm
接着衬 70cm×40cm
织带 100cm（3cm 宽）
钩针 7 号

来做圆仔花吧！

1. 先钩 3 个锁针。

2. 再穿入第一个锁针将线引出成一个圈。

3. 第一圈：先钩 1 个锁针，再由步骤 2 的圆圈中心将线引出。

4. 以此方法钩 5 个短针后，将线引出，即完成第一圈。

5. 第二圈：先钩 1 个锁针，由第一圈处将线引出做成短针。

6. 第一圈的每一个短针洞内需做 2 次短针，同方法做 10 个短针。

7. 10 个短针钩完后做引拔针，将线引出，完成第二圈。

花的基本钩法

4 圈——短针 20 针（不加减针）
3 圈——短针 20 针（加针 10 针）
2 圈——短针 10 针（加针 5 针）
1 圈——短针 5 针

8. 第三圈：先钩 1 个锁针，由第二圈处将线引出做成短针。钩法相同，做 20 个短针，完成第三圈。

9. 第四圈：先钩 1 个锁针，由第三圈处将线引出做成短针，做 20 个短针，完成第四圈。
※ 读者可依个人喜好决定花朵的大小。

10. 收尾：将线头藏入毛线，另一端也用相同方法收入线头剪掉即可。

提袋制作

1. 表袋依纸型裁上片、下片各 2 片，反面烫上单胶棉（缝份请外加 1cm）。

2. 表袋依纸型标示位置抓褶，里袋相同做法，但抓褶的方向需与表袋相反。

3. 上片与下片正面对正面车缝。相同方法完成表布 2 片。里袋也裁 2 片，缝份外加 1cm 并反面烫衬。

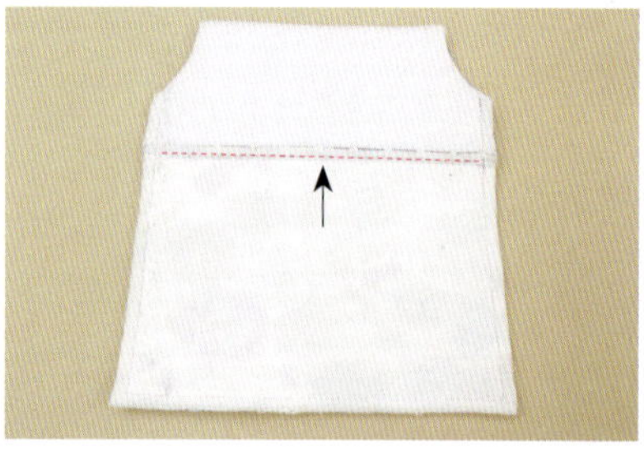

4. 缝份往上，在表袋接缝处正面压一道装饰线。

5. 翻至反面，表袋前、后片正面对正面车缝 U 形，再修剪两侧袋角。

6. 翻回正面。里袋相同做法完成。

7. 里袋套入表袋（布的反面对反面），袋口疏缝一圈固定。

8. 裁袋口织带 19cm2 条，于袋口处车缝固定。

9. 裁提手织带 100cm，车 Z 形针将头尾接起。

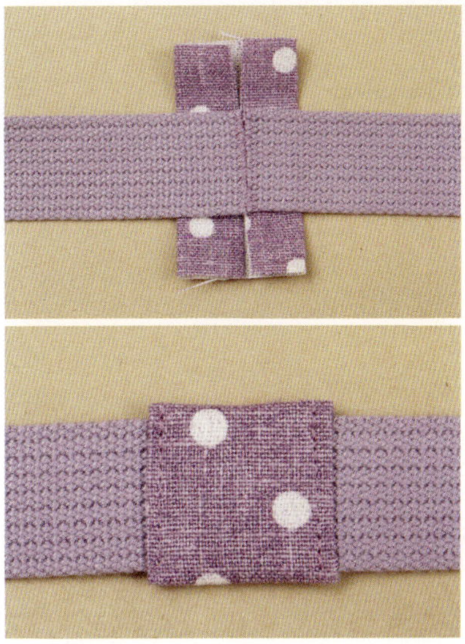

10. 接合处用 6cm×6cm 挡布，左、右往内折后，再上、下内折，车缝固定装饰。

11. 如图将织带对折后，用强力夹固定于袋口，车缝固定。

12. 依个人喜好缝上各式颜色的编织圆仔花，适合上街购物的提袋完成啰！

细部图

在袋子的正反面装饰不同颜色的圆仔花，丰富生活的多彩面貌。

和风折花

传统的艺术加上现代人的巧思，
让和风折花的做法简单化，
一起轻松完成、快乐装扮吧！

■示范教学 / Hand made小组
■情境摄影 / 詹建华 ■教学摄影 / J.J.
■文字 / Magi ■美术设计 / 薄荷茶

菱形花(S辅助板) 剑形花(L辅助板)

L完成尺寸：直径约7.5cm
S完成尺寸：直径约5cm

剑形花瓣做法(L辅助板)

1. 裁布9.5cm×9.5cm10片，将其中1片布的正面朝上，再放上辅助板。
※S尺寸需裁布7cm×7cm10片。

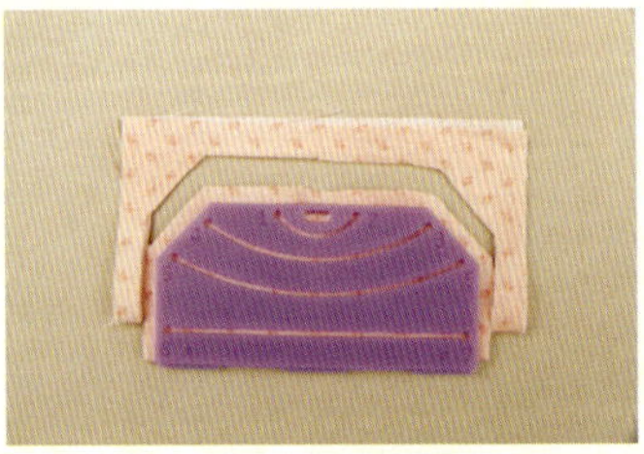

2. 对折，辅助板上记号1与2中间的洞与后方突出部分压紧。因为不需缝份，将多余的布剪掉。

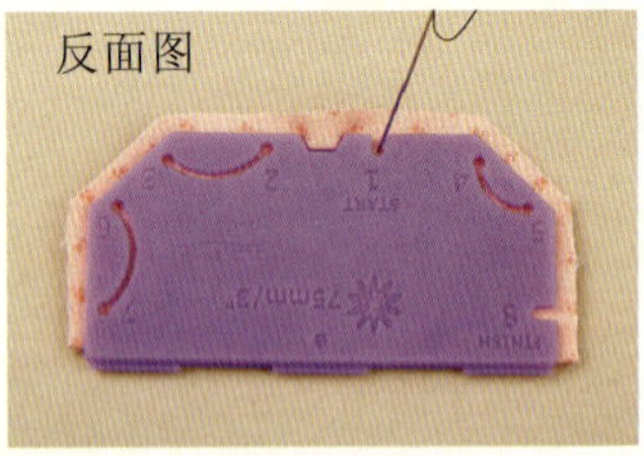

3. 如图从辅助板后面的记号1开始缝起。
※线约70cm长，若线的材质牢固不易断则用单条，线的结需打大一些，防止从布跑出。

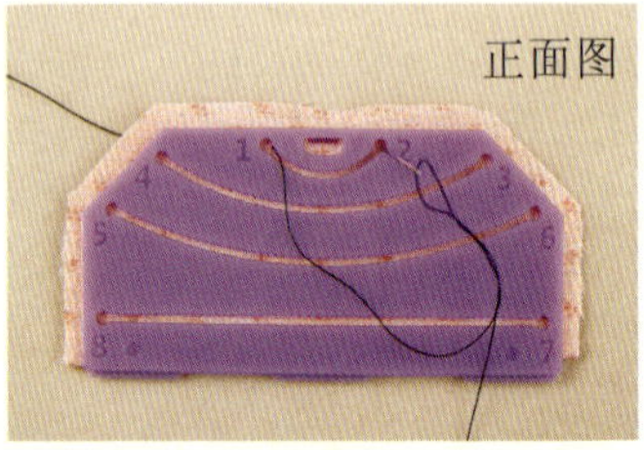

4. 继续缝至记号2。

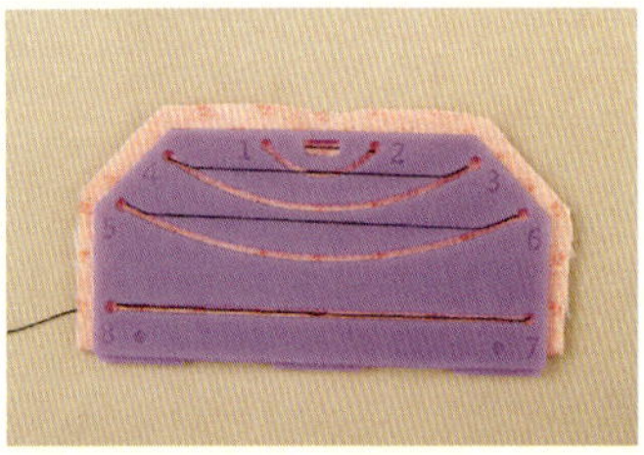

5. 再从记号2～8依序缝合。

6. 打开辅助板。

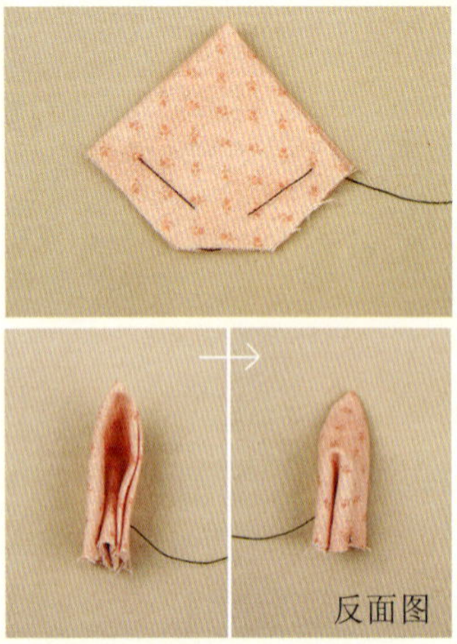

7. 再对折，拉紧线完成一片花瓣。

8. 完成1片之后不用打结，针也不用取出，持续步骤2～7至10片都完成。
※花瓣与辅助板需有15cm以上的距离，缝时要注意辅助板的正面需朝上。

9. 如图将针从第1片花瓣缝出。
※若担心不够紧可将中心处多缝几针固定。

10. 拉紧线再打结，剪掉线后缝上扣子或珠珠即完成。L完成尺寸：直径约7.5cm；S完成尺寸：直径约5cm。

菱形花瓣做法(S辅助板)

1. 裁布7.5cm×7.5cm5片，将其中1片布的正面朝上，再放上辅助板。
※L尺寸需裁布10.5cm×10.5cm5片。

2. 同剑形做法将布对折用辅助板夹紧，并剪掉多余的布。如图从辅助板反面的记号1开始缝起。

3. 再依号码顺序缝至记号12止，其余做法参考剑形花瓣做法。

4. 最后缝上包扣，即完成。

※可将花当发饰，或多缝几朵当杯垫或门帘，请参考辅助板上内附6款变化作品的做法(辅助板另有圆形)。

8cm名媛系口金

闪亮珠钻口金包

完成尺寸:10cm×11cm×3cm

2011炎炎仲夏的时尚聚焦，
就是要*Bling-bling*！
都会名媛最爱的闪亮水钻口金，
让零钱包浑身散发奢华感。

■示范教学／陈玉金老师 ■情境摄影／詹建华
■教学摄影／Bobi ■文字／Anmino
■美术设计／薄荷茶
■内附原尺寸图

材料：

表布A：20cm×30cm、表布B：10cm×30cm、里布20cm×30cm、厚布衬、8cm口金、皮革针、皮革线、返里钳、蕾丝

How to make

1. 依尺寸图裁下表布A2片、表布B1片、里布1片、厚布衬1片。

2. 表布A+B+A拼接成1片。

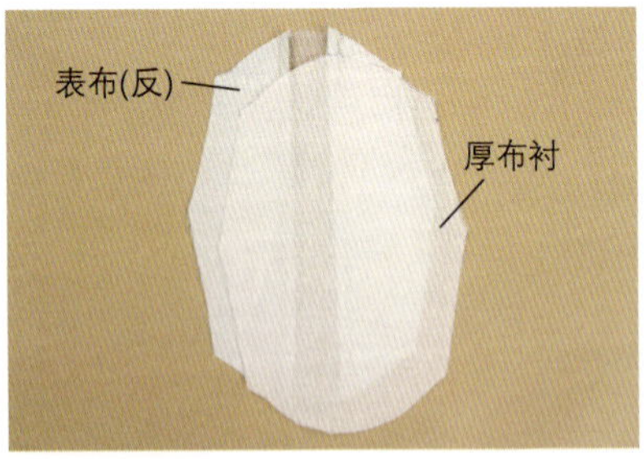

3. 表布反面烫上厚布衬。

4. 接合处车缝蕾丝装饰。

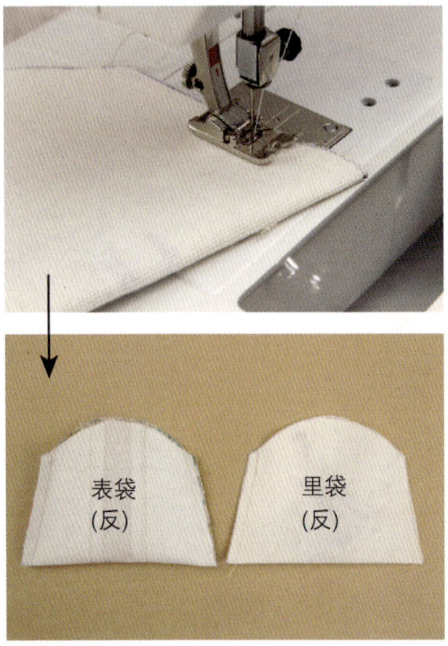

5. 表布对折（布的正面对正面）车缝两侧完成表袋。里布做法相同，完成里袋。

6. 抓底3cm车缝，并修剪掉多余的底布。

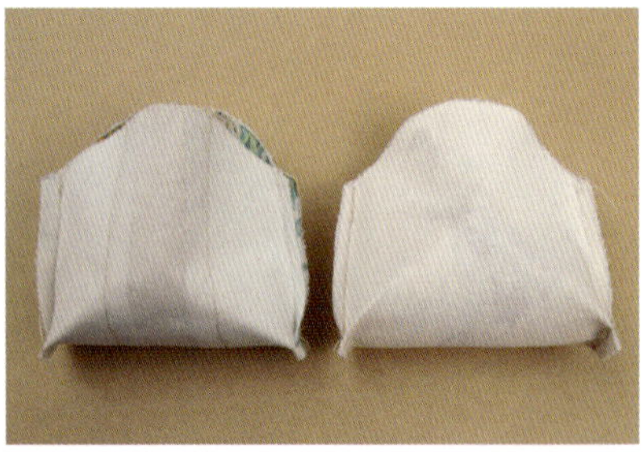

7. 完成表袋及里袋。

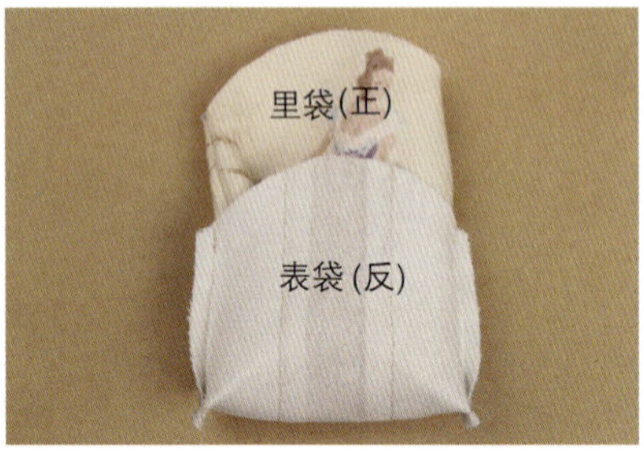

8. 将里袋套入表袋（正面对正面）。

9. 左、右侧身要对齐，用珠针固定。

10. 车缝一圈，一边袋口留返口。

11. 从返口处翻至正面。

How to make

12. 完成如图。

13. 袋口处对折做出中心记号。

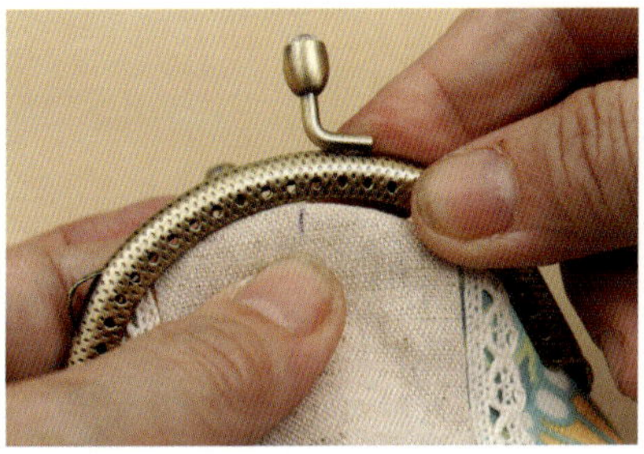

14. 将口金中心点与表袋中心点对齐。

15. 侧边处要确定对好。

16. 先疏缝固定口金中心点，再固定第2孔的接合点，其他如图疏缝。

17. 使用皮革针，以双线的方式穿入针，在起针处先藏线头，以1上2下的方式缝口金（跳针缝），一边缝一边把疏缝线拆掉。

18. 再回头跳针缝，使口金的洞填满，另一边也相同做法缝好。记得在最后一针的地方打结后，要藏线头。

19. 完成如图。

※读者也可以选择不用拼接的方式，直接剪下喜爱的图案布制作，呈现另外一种风格。

Mouth gold package

完成尺寸：16cm×12cm×11cm

装进回忆，也装一些旅途中的小风景。

Dressing case

女孩们的化妆小提箱

挑几本英文小说，
往耳后点上一抹玫瑰香，
套上纯白圆裙拎着小提箱，
轻启属于女孩的夏日小旅行。

■作品设计、制作、示范、做法文字 / Sophie老师 ■情境摄影 / C.CH
■教学摄影 / J.J ■情境文字 / Brownie ■美术设计 / Celina
■内附原尺寸图

材料

纸板、镜子

2mm 纸板：
主体 16cm×11cm4片(A1、A2、A3、A4)
两侧边 11cm×10.6cm2片(B1、B2)
前盖 16cm×6cm1片(C)

1mm 纸板：
主体长内侧 约 15.4cm×10.7cm2片(a1、a2)
主体短内侧 约 10.2cm×10.7cm2片(b1、b2)

500p 灰铜纸板：
前盖内侧 15.5cm×5.5cm1片(c)
框 15cm×10cm1片(d)
外盒底 15.5cm×10.5cm1片(e)
※ 以上较厚的纸板以大写英文字母表示，
较薄的则以小写英文表示。

镜子
15cm×10cm1片

布块、配件

盒盖+盒后侧 约 42cm×14cm1片
盒前身+两侧 约 32cm×19cm1片
接条 17cm×3cm2条
其他包 1mm、500p 灰铜厚纸板的布块包份皆为 1cm
包框布块留包份 2cm(约 19cm×14cm)
无胶厚铺棉 16cm×11cm1片
直径 14mm 磁扣 1个
1 ~ 1.5cm 宽缎带 14cm1条
2cm 宽皮提手 32cm1条
8mm 长铆钉 2个

HOW TO MAKE

1. 把纸胶带贴于 A1 较长的一边。

2. A1 叠于 A2 上，以纸胶带粘好。

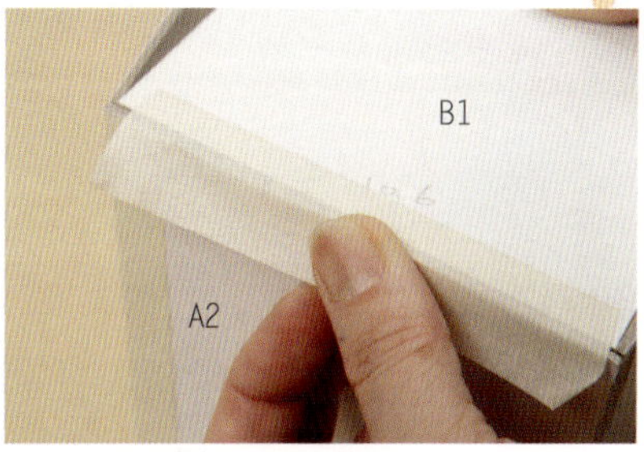

3. A1-A3 粘好呈 ⊓ 形后，把 B1 叠于 A2 上，以纸胶带粘好。

4. 主盒底粘好如图，四个边均以纸胶带固定。

5. 底下四个角以纸胶带再固定，需如图剪牙口。

6. 往盒底贴好即可。

7. 主盒体粘好后，取出包盒前及两侧边的布块（读者可依个人喜好拼接布片或使用整片布）。

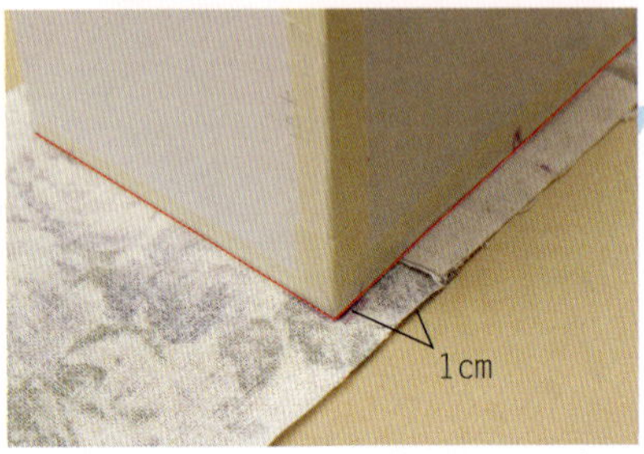

8. 把布块粘到主盒上前请先做记号，包盒底的包份至少要留 1cm。

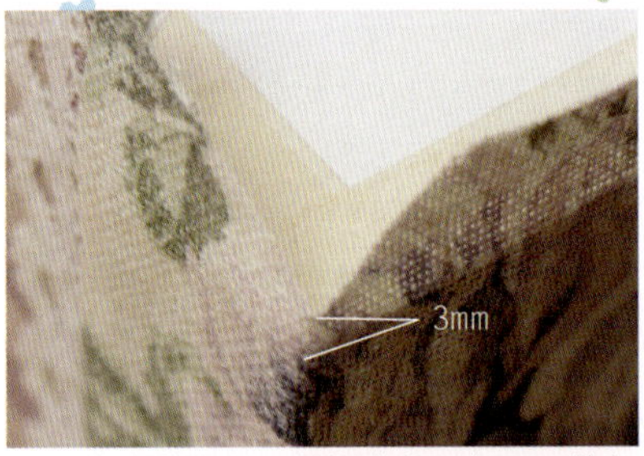

9. 边角剪牙口，角落请留至少 3mm 的包份，不要剪到底避免露出盒身。

10. 包好底部如图。

11. 接着在 A4 粘上厚铺棉。

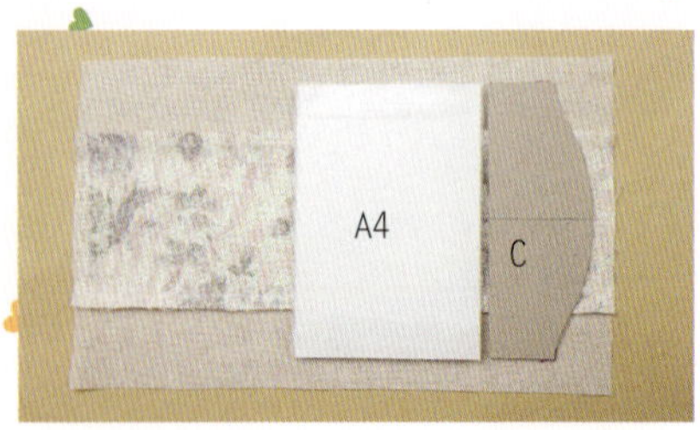

12. 取出包盒盖及后侧的布块，依序放上 A4（铺棉向下）及前盖 C。
注意：A4 不需涂白胶，前盖 C 则需涂白胶再粘于布上。

13. 两侧涂上白胶往内包。

14. 再包前盖边缘，纸板的缝之间贴上接条布（接条布的两头需先往内折，粘好再粘于主体）。

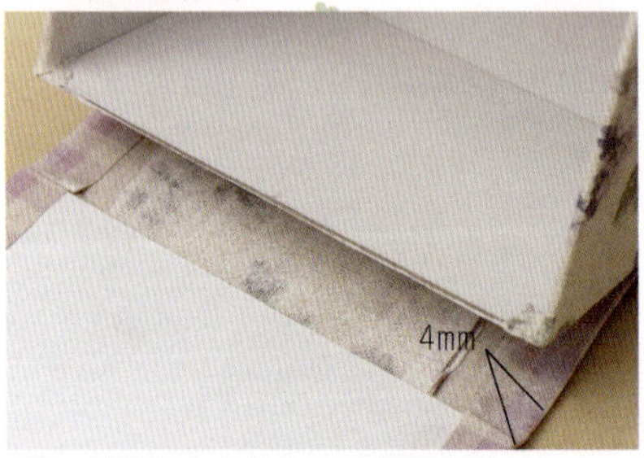

15. 接着把主盒粘上去，缝请留约 4mm。

16. 试着盖盖看！

17. 粘上接条，接条需与盒内同宽。

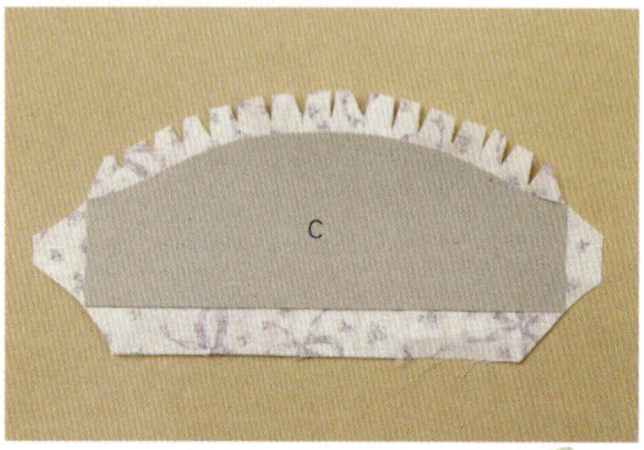

18. 盒盖内侧 c 如图裁剪牙口再包起来。

19. 装好磁扣后，粘于主体上。

20. 以木夹固定边缘。

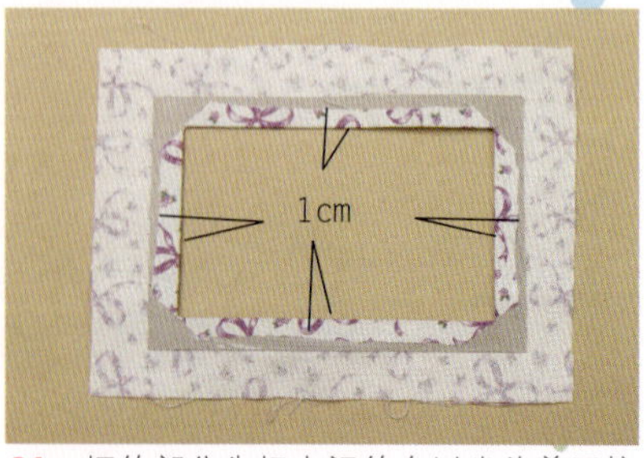

21. 框的部分先把中间的布以尖头剪刀挖掉，留约 1cm 包份再粘至四边。

22. 框的四边先贴双面胶，再将镜子粘上去。

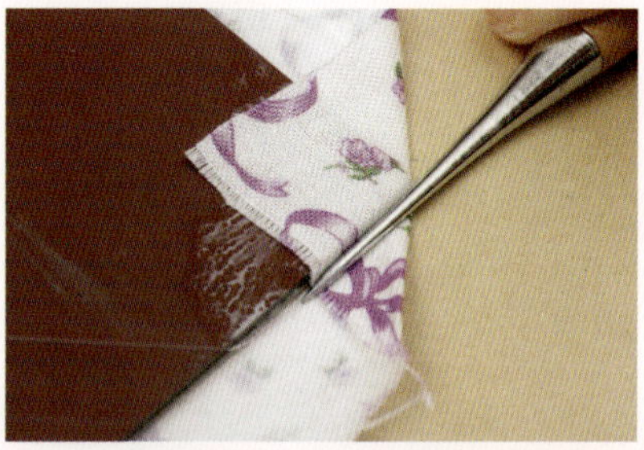

23. 边角的布折 45 度角粘于镜子上，再以钻子辅助粘好。

24. 四边的布以白胶包到镜子上，如图。

25. 盒盖一侧以纸胶带粘上缎带。

26. 将镜子粘到盒盖内侧，两边以木夹固定约 10 分钟（夹太久会留下夹痕）。

27. 粘上外盒底。

28. 接着把布块（里）直接粘贴到盒底。

29. 将 a1 ＋ b1 贴到布上，只包上、下边；a2 ＋ b2 贴到另一块布上，四边都包。

30. a1 ＋ b1 先贴于盒内两边。

31. 把缎带的另一端调好角度后，以纸胶带粘于盒内。

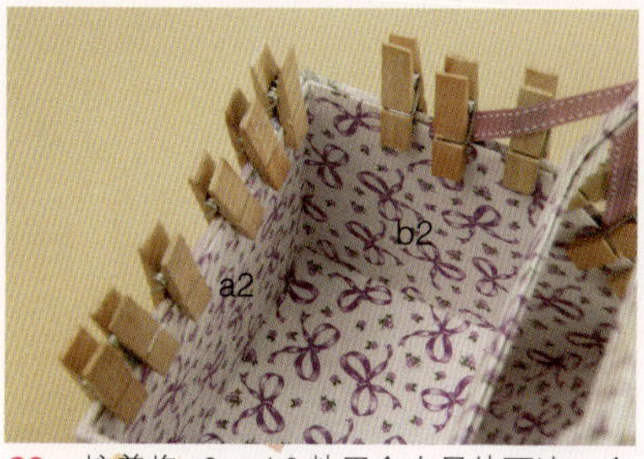

32. 接着将 a2 ＋ b2 粘于盒内另外两边，盒缘以木夹固定辅助黏合。

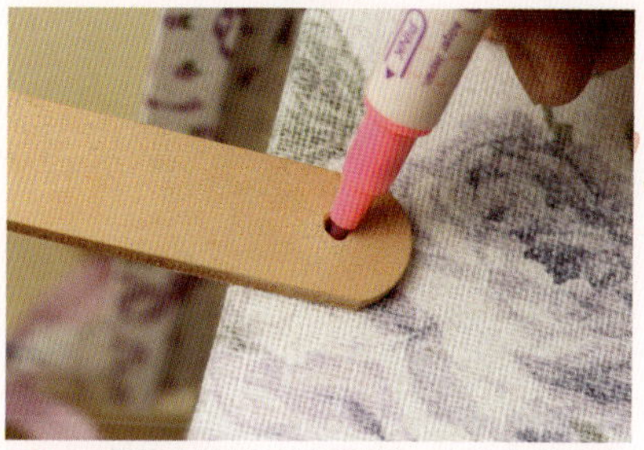

33. 皮提手以钻子钻好洞后，在主盒欲固定处先做记号。

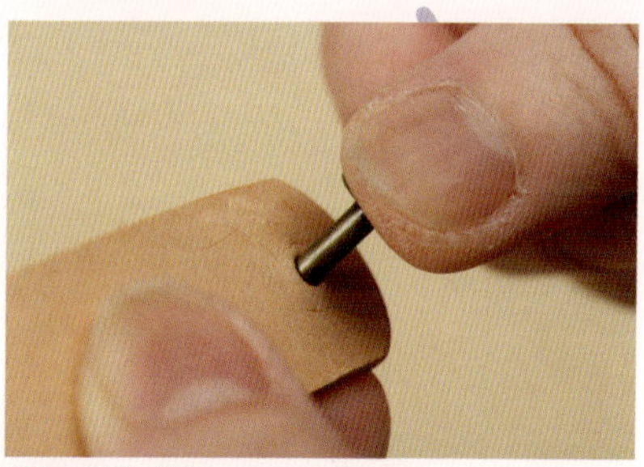

34. 装上铆钉。

35. 以铁锤固定好铆钉即完成。

36. 要打开盖子时，请先将皮提手往后拨。

相机造型票卡夹

Camera modeling ticket folder

这个相机造型的票卡夹，是给女儿上学时装她的电话卡及名片卡用的。票卡夹本身是很简单的作品，尝试做出相机的造型，原本是因为好玩；完成之后却发现，以棉布和线组合出来的相机带着玩具般的幽默感，和现实世界的相机相比，虽然没有流利的线条，但却多了几分甜美的色彩，以及一股柔软温馨的童趣。

最好玩的就是为作品拍照时，我用相机拍孩子，孩子也拿着相机票卡假装在拍我，两人嘻嘻哈哈地度过一个欢乐的午后——有拼布手作来点缀日常生活，真是一件令人愉悦的好事。

- 作品设计、制作、摄影、文字提供／Ann
- 美术设计／薄荷茶
- 内附原尺寸图

HOW TO MAKE

1. 依照纸型拼贴表布，于表布背后烫上布衬，再以两股绣线压缝装饰线条(菱格为1cm × 1cm)。

2. 依照纸型制作相机上方的小零件。

3. 将步骤2疏缝于表布上方，加上后背布，正面相对车缝一圈，下方留返口翻至正面，再缝合返口。

4. 再取两片后背布，正面相对车缝一圈，下方留返口翻至正面，再缝合返口。将步骤3与步骤4由表面卷针缝合三边，留一侧为开口，可放入票卡。

5. 缝上提手，相机造型票卡夹完成。

我的拼布故事 Taiwan

- 作品设计、制作 / 陈宝华老师
- 文字提供 / 詹宏人先生
- 摄影 / C.CH　美术设计 / Dabbie

作品尺寸：约113cm×108cm

秋韵

偶尔创作，竟然内心深处还是想着我曾经居住过的地方，
我只是用拼布在写回忆吧！　　　——陈宝华

台湾的秋天景观不突显，一年四季处处是青翠的树丛。偶尔感到凉意，天空灰蒙蒙的，眺望远山，灰蓝色中似有点黄斑，这天该添加衣服、打理夏装。但隔几天来一阵南风，又得脱衣卷帘。台湾山色始终翠绿，夏日绿中晕蓝，天冷则绿底糅青。这几年秋季经常往来大陆，北京就是个秋色鲜明的地方，市内的行道树，经常在刚到达时还是一片青绿，然后在几日内完全变黄，一刮风，大叶小叶满天飞舞。等离去时，路两旁已经是排排萧瑟的树干，让你清清楚楚看到节令的面貌。

Autumn Melody

我曾在一处名为芝山岩的山脚下住了十余年。屋旁有一座庙，供奉石头公，因有五颗远古落石罗列，状如砚台，相传有神迹，故香火鼎盛，现已列为三级古迹。说也奇怪，这些石头缝里都长着树，其中一棵，高达五层楼，树荫覆罩如凉亭，不知其名，因叶大如掌，可摇扇生风，就称其为凉树。

一到夏季，树枝上下都躲着蝉，叫个不停，喧闹异常，又恍惚是树在歌唱，欢唱夏天来了。一进秋日，这树有个习性，会换新装。我不太记得准确的日子，大约就在跨年前后，白天还看着葱葱然的茂盛模样，经过一个夜晚，所有的叶子都不见了，竟成了一棵光秃秃的树，地上堆满数层厚叶。那几天看着覆盖叶子的小车，我根本懒得去拂拭。天冷了，这树想起原居地会下冰雪的故乡吧！年年如此，感时花落叶，这变成我对秋天的一幅图像记忆。

这幅作品我用了两种交叉的线条，垂直线表达节令的交替，有先后，有秩序，有起落，时间是一条看不到尽头的不归线。横的曲辐线，有粗有细，上上下下，前前后后，我是在描绘落叶后的树干，弯曲的身躯，交错蜿蜒，那裸露的树枝，成为图中的线条——我感觉到那熟悉的盘枝错节的空间，那律动的生命，那棵爱漂亮的大树，在眼前重现。在两线交错的空间中，我放入印象中的落叶，那时不知名的飞鸟。我回顾十年前秋天的景象，用隐寓的手法表达我对过去日子的关怀，秋天那感伤的意念，就成了我这幅作品的主题。

走在北京呼家楼光秃秃的树林中，带出沙沙作响的脚步声，冰冰寒气，北国风光，动人心魄。然而我心中的秋景，却是台北以前住家旁那棵脱掉旧衣、等着新装、裸身站在绿林中睥睨同群、我行我素的大凉树。偶尔创作，竟然内心深处还是想着我曾经居住过的地方，我只是用拼布在写回忆吧！

●作品设计、制作、摄影、文字提供 / 石浪崇子老师
●翻译 / Magi ●美术设计 / Dabbie

作品尺寸：190cm × 190cm

秋的去向

营造出如同戏剧般的秋天色彩。 ——石浪崇子

Abstract design

Fall Color Show

以大自然的太阳、光与月亮因季节转换而触动身心的元素作为主题创作。此作品的主题是以渐渐转为深秋的印象完成抽象的设计，如同画图般，将许多深浅不一的红色布中间再隐约加入蓝色与绿色布以贴布缝技法固定。

作品上方为了表现秋风的流向，使用了许多刺子绣线、绣线、刺绣线，再用如同刺子绣风的压线让作品呈现出戏剧般的秋天色彩。

拼布的创作方法与表现方法有许多种，我将持续因外在的启发而自由地创作属于自己的作品。

※此作品获得2011年横滨拼布周的准大奖。

首翊＆手艺 甜蜜出版

手心里的
袖珍甜点

郭桃甄 著　估价 28.00元

用指尖力量捏出超过 40 件袖珍甜点，饼干、面包、蛋糕、水果、甜点配料、冰激凌全收录！
本书教学全部彩色图解，
初学者也可以轻松上手！

初学者的
基础拼布小字典

估价 10.00元

以上两本图书的中文简体字版本即将由河南科学技术出版社出版。

新书抢先看

11 月 15 日前寄回新书回函，即有机会抽中作者亲手制作的袖珍甜点小物喔！得奖名单将公布于《巧手易》网站。

读者福利社

小编帮你问！
最多人想知道的 Q&A

Q：买书自学的初学者在制作时要注意的重点是什么？

K：从最基本的黏土开始动手，学习各种甜品的制作方法，跟着书内简单明了的图示，轻松地将甜点融入生活中，即使是初学者也能完美诠释出甜点的可爱而乐在其中。想象自己像甜点师傅般做出小巧又精致的甜点，创作过程中会有满满的成就感呢！书中作品的难易度虽然各有不同，但希望大家都可以熟能生巧，美味的黏土手作等着你来体验喔！

H：喜爱制作袖珍甜点的原因是什么？有特别喜欢的甜点类型吗？灵感来自哪里？

K：我的生活中围绕着一群热爱甜食的好友，把品尝甜点视为一种生活的幸福。让我忍不住把黏土变身为美味甜点，设计出好想咬一口的可爱甜点。我最爱面包类的小物，憧憬着用独创的手法轻松做出一个个可口的面包。我平常会到蛋糕、面包店认真地观察与记录，对甜点有了更深一层的认识，让手作生活也跟着美味了起来！

H：和指吸快子老师合作甜点系拼布小物有什么感想？

K：指吸快子老师是位很优秀的拼布作者，她的作品风格非常独特，这次能跟她合作真的很开心，甜美系的拼布搭配上黏土甜点杂货，充满幸福的甜蜜手感！

她是黏土界的烘焙魔法师
手心里的袖珍甜点 郭栊甄老师

■采访、撰文／璟安 ■摄影／徐正浩 ■美术设计／Celina

把面包店橱窗里的甜点变成手心里的可爱黏土，郭栊甄老师绝对可说是袖珍界的台湾之“栊”。

2010 年曾接受日本 NHK 电视节目采访，并受邀至日本参展及担任讲座指导、在台湾袖珍艺术创作大赛获奖、接受各大媒体报道等，这些经历让她的创作视野更具国际性。今年在《巧手易》杂志的邀约下，特别与日本的“粉红拼布教主”指吸快子老师跨海合作了“甜点系拼布小物”单元，将袖珍甜点与拼布素材结合，成功制造了关注度超高的手作新话题。

在郭栊甄老师的黏土世界里，她创作出来的美味甜点们都想说些什么呢？和小编一起听听它们甜滋滋的絮语吧！

创作让我的生活增添了无限的乐趣。

—— 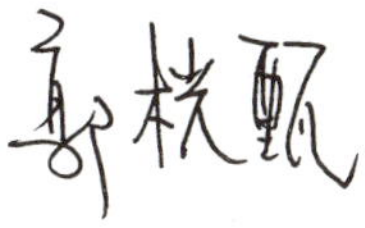

以下采访简称（H：Hand Made 杂志 K：郭栊甄老师）

H：什么是袖珍甜点？主要使用什么材料？它的魅力在哪儿？

K：近年来用黏土制作甜点的风潮由日本吹向台湾，袖珍甜点指的就是利用简单的黏土和颜料做出逼真的甜点小物，尺寸除了有实物一样大小外，缩小版更增添了它的可爱度。以甜点为主角可制成各式各样的杂货饰品。

它的魅力就在于制作过程的乐趣，小块的黏土在手中慢慢地成型，变身为各式甜点，好像魔术般的不可思议。把完成的甜点做成实用的小物，更增添了生活的幸福感。

达人小档案

郭栊甄老师

热爱手作的6年级女生，美食主义追求者，善解人意的巨蟹座。

将“生活”当成灵感的发电机，随时随地都可以发挥创意，制造意想不到的超迷你惊喜。近年来专攻袖珍甜点创作，用黏土素材创造可爱指数爆表的甜点世界。

现为贝采麸生活艺术馆负责人。

个人第一本袖珍小物全创作

“手心里的袖珍甜点”（首翊＆手艺出版）

于 2011 年 7 月上市热卖中。

Doll house&Miniatures
栊——吸引你的目光
http://www.wretch.cc/blog/kky021

布可思议的创作心情
布可丝艺拼布工坊

■图片、文字提供 / 布可丝艺拼布工坊 冯琦钰老师 ■撰文整理 / Anhouse ■美术设计 / Celina

只要能做出想要的感觉及风格，
它就是“对”的布，不论新布还是旧布。
——冯琦钰老师

学生时代无意间接触到拼布，即疯狂地爱上了它。

自学校毕业后，正式投入拼布的领域，刚开始学习的是日式的手缝拼布课程，尔后才学习机缝。虽热爱拼布，但当时并无成立工作室的想法，只是单纯的喜爱，一直到 1999 年工作遇到瓶颈，在先生的支持下，于同年 5 月成立布可丝艺拼布工坊。

在教学生涯中认识了许多同好，这是成立教室最大的收获，能把兴趣做为职业，亦是非常幸运的事。早期大多做些手缝拼布，近几年偏好时尚的手作袋物，教室多半的作品是我亲自设计及制图的。在布料的选择上并无名师情结，只要能做出想要的感觉及风格，它就是“对”的布，不论新布还是旧布；而用色选择则依当时设计的作品决定，通常是设定风格的走向，再选择布料花色，所以常有图稿及想法，但苦无适合的布料制作。

在袋物的创作上，我花了许多时间研究，自己最大的愿景，是以前没接触过的袋型都能亲手制版，并将成品制作出来。不过这样的创作方式，失败的作品不在少数，但它带给我的思想火花有别于以住的手缝拼布。最近已开始规划袋物类的制图课程，希望能让喜欢这种创作方式的同好一起参与，一起脑力激荡，期待每个人都能拥有一个真正属于自己的创作，加油！拼布的同好们，加油！布可丝艺！

类书包款携带便利的侧背袋，利落大方。

都会女子最喜爱的人气款侧背袋。

红发安的复古版布包，不只可爱还令人印象深刻。

可吊挂于墙面的纸巾置物盒，收纳性很强。

黑白设计的时尚色搭，金属扣环也是重点。

拼布人的格子布创意发表秀！

格子布造型私房拼布秀

本期的格子布募集，小编的信箱涌入了超多投稿作品，可见格子布在拼布人的心里，是超人气的基本款爱布喔！作品有时尚袋物、置物箱、抱枕、造型小物等，大家的实力证明了创意无所不在，该把第一名的票投给谁呢？由你来决定吧！

■文字／Anhouse ■美术设计／Celina

时尚袋中袋格包 创作者／磊丽苹

时尚的格纹包款，内附实用的收纳袋中袋，率性、优雅又落落大方，最适合都会女子使用。

哦！移动格子小屋 创作者／俞攸洁

伴随着鸟儿飞舞，热气球升上天空，我的格子小屋也跟着移动了起来。

打开屋顶，把想要收纳的东西放入，侧面的网袋设计可以置物，整齐又美观且方便拿取。

蝴蝶抱枕：福报 创作者／钟绮芳

最好的朋友结婚了，当她迈入人生另一阶段时，做了两个蝴蝶抱枕给她，让“福报”时刻陪伴着她。

背面字样

Love 创作者／林源坪老师

作品的正面有“Love”，背面写着“U so much”，想把我心中满满的爱，无条件地表达给大家，Love U so much!

格子领结提袋

创作者／泰勒小姐、吕昭妤

以夏天色彩的缘，深浅交错出拼布经典九宫格，运用折布技巧折出格子上的领结，简单的设计中点缀出不同的变化。

熊熊防火头巾

创作者／陈嘉玲

近来频传地震火灾，准备一个防火头巾，保护头部减低地震掉落物以及其他意外的伤害，加上内里缝上可放贵重物品的口袋，既实用又俏皮。

玫瑰风情手提包

创作者／比熊屋拼布坊 赖素梅老师

利用纸衬翻车，做出有层次的玫瑰图形，又可将剩余的碎布很好地运用！

平平安安的拼缝魅力

创作者／陈丽蓉

格子布经过仔细剪裁、巧心缝制，一颗颗充满鲜活趣味的拼布苹果，不只有“平平安安”的含义，更是充满手作拼布迷人的魅力！

背面图案

一起去旅行斜背包

创作者／优秀轩

高楼大厦，圆顶阁楼，还是传统的斜屋顶？家，只要温暖就好！运用格子布设计成各式口袋，完成实用又帅气的斜背包，一起去旅行！

点点布造型募集票选TOP1做法大公开！

水玉包包

拥有温柔质感的水玉包包，佩戴着一朵布花，袋盖上的点点图案刚好接成了小花的形状，不仅别致而且优雅。本期荣登读者票选第一名，人气超旺！

■作品设计、制作、图片及做法绘图提供 / 手作童话蓝云臻小姐
http://www.wretch.cc/blog/lanyunjen ■内附原尺寸图
■文字 / Cheerannies ■美术设计 / Celina

材 料

水玉点点布60cm×50cm、花布25cm×30cm、里布50cm×40cm、单胶棉衬50cm×40cm、皮革带54cm×1cm、拉链25cm1条、心形磁扣2.1cm×1.8cm1组、铆钉1cm4组、蕾丝50cm×1cm、蕾丝12cm×2cm、滚边布130cm×3cm

花饰材料：

3色毛布各20cm×3cm、蕾丝花部分20cm×5cm、装饰用蕾丝10cm×1cm3条、不织布6cm×6cm、羊毛毡小球1个、别针3cm

恭喜！！

NO.44参加巧“搜”主义
主题同步玩手作——点点布
创作者蓝云臻小姐独得读者票选第一名！

我们将赠送你2本最新出刊的NO.45《巧手易》杂志，感谢你的努力和做法分享。

☆裁布图 ※（1）表示缝份

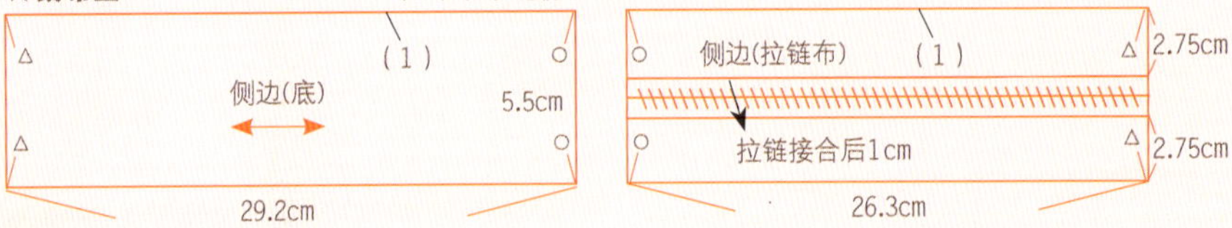

How to make！

1. 袋身做法：

依纸型画出8小片表布，2片里布，表布依A～C顺序拼接，贴上单胶棉衬，落针压线后缝上蕾丝装饰，装上磁扣后喷胶并贴上里布。

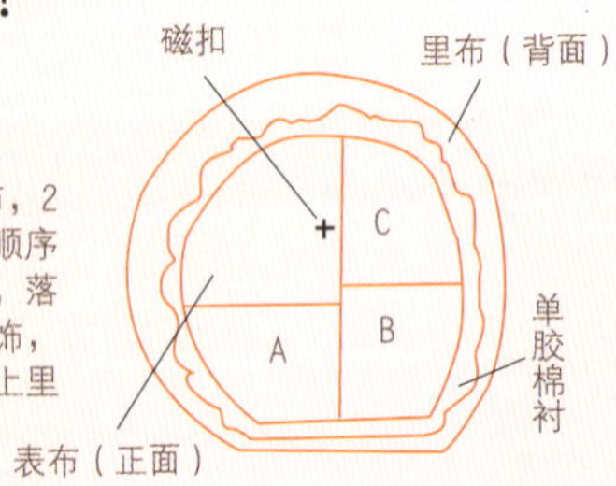

2. 侧边拉链布做法：

侧边依纸型裁剪拉链布表、里各4片，表布2片贴上厚布衬，表布与里布正面相对夹上拉链后车缝固定，翻回正面约0.2cm车缝修饰线。

3. 侧边底部做法：

裁剪好的表布贴上厚布衬，与里布正面相对疏缝一圈。6cm×2cm蕾丝对折，放置于拉链布中心点，拉链布两侧各与侧边底部车缝，缝份包上滚边布滚边，接合处正面0.2cm车缝修饰线。

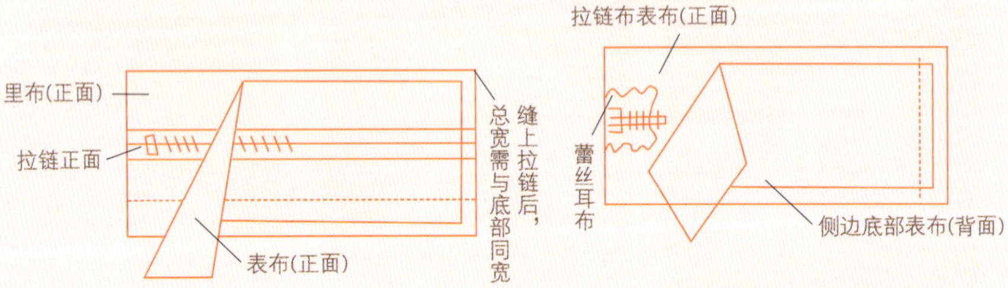

4. 袋盖做法：

依图示做法，在水玉点点布上做出小花，以法国结粒绣做出花心，依照纸型剪出表、里各2片，表布装上磁扣再与里布正面相对车缝。

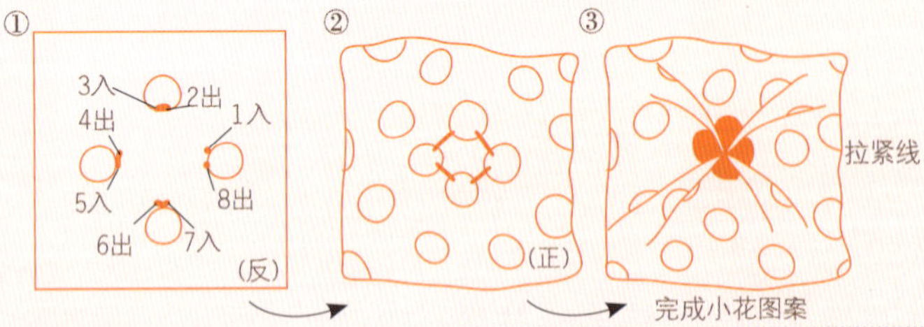

5. 组合袋身做法：

先打开拉链，袋身后面夹入袋盖，与侧边正面相对车缝一圈，缝份包上滚边布滚边，最后，皮革带以铆钉固定。

装饰花做法：

毛布一边以锯齿剪修剪花边，另一边缩缝后拉紧，成一朵玫瑰花，20cm×5cm蕾丝正面相对平针缝合后缩缝一圈拉紧，6cm×6cm不织布修剪成一个圆形，组合3朵玫瑰花及蕾丝花、羊毛毡小球、3条蕾丝，缝合在圆形不织布上 ，不织布背面缝上别针即完成。

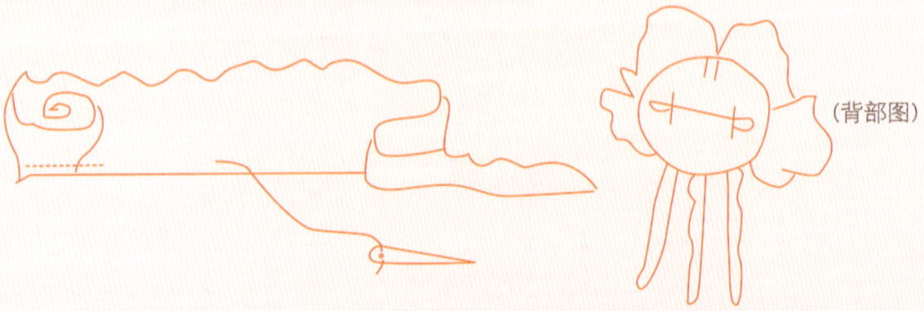

世界拼布飨宴 *in* 上海

国际杰出拼布作品秀、新鲜礼品展；
手工艺发表、手作体验，精彩手工艺术展**即将揭幕**！

2010 年展览盛况

竭诚欢迎你体验艺术之美

2011 中国国际拼布手工艺术展

日期：2011 年 11 月 24 ~ 26 日

会场：上海世贸商城 3 楼东展厅（上海市延安西路 2299 号）

指导：中国科学技术协会、中国纺织工会协会、中国财贸烟草轻纺工会（排列不分先后）

主办：中国流行色协会拼布专业委员会

协办：日本（株）FUJIX、台湾手艺协会、日本手艺普及协会、日本手工艺协会
上海市纺织工会、上海世界贸易商城有限公司、上海富士克制线有限公司、隆德贸易有限公司

BERNINA 总代理
隆德贸易有限公司
http://www.patchworklife.com.tw/

中国总经销／上海喜乐多拼布
地址／上海市延安西路 2299 号上海世贸商城 8A-01
电话／ 021-6236-0667　传真／ 021-6236-0662

凭截角至隆德展览摊位
即赠送"精美小布片"
数量不多送完为止，
敬请把握机会！

Hand Made Stage

越来越热的夏天，我们越来越爱拼布了！小编发现一件有趣的事，读者们的投稿也都跟着季节在走呢！看到穿着花裙和比基尼的猫头鹰，感觉夏威夷的海风也吹向了台湾。这个热情仲夏，你是不是也做了些海洋风的作品？要记得来投稿喔！

■文字 / Csvmilk ■美术设计 / Celina

Hand Made Talk

甜蜜幸福的手作for可爱的亲亲宝贝（蓝云臻）

做给小Baby的布作小物，
充满妈妈手作的甜美心意。

紫色格子三层口金包（黛西）

带着优雅学院风的紫色格子布，
和口金搭配的质感超好！

蜜蜂小毕贴布绣托特包（雪小板）

可爱的蜜蜂小毕，
在花园里忙进忙出，
为心爱的YOYO小花儿们浇水。

糖果小提包&零钱包（蓝云臻）

布作糖果和不织布饼干的搭配，
让小提包和零钱包的甜蜜感瞬间提升！

飨宴包（陈丽君）

蔚蓝的海洋，
激起一朵朵浪花，
拼出惊奇的赞美。

夏威夷海滩猫头鹰（林雪珍）

约手掌大的一对夏威夷海滩猫头鹰，
身穿花花衣和比基尼，
是今年夏天的最佳拼布代言人！

客家花布旅行包（泰勒小姐、吕昭妤）

一起到客家庄去旅行！

花团锦簇玫瑰包（凌婉芬）

以美国棉布的大方玫瑰花搭配条纹布，
做出这个象征春天欣欣向荣的包款。
提手斜向制作，让包款更显活泼。

格子心手作布包（布之屋　林昭春老师）

以紫色先染布为底，三角形拼接镶边，格子里有拼布人的爱心，带着几股刺绣的乡村味道。

读者大票选

人家就是要教学！

珍珠名媛口金提袋

■作品设计、制作、做法绘图及文字提供／黛西老师
■摄影／Vincent ■一布一脚印的拼拼凑凑
http://tw.myblog.yahoo.com/quilter-daisy/ ◎内附原尺寸图

材料

拉链25cm1条
串珠条或蕾丝(视个人喜好选择)
米白提手约60cm长
11cm口金1个
塑料底板8cm×18cm1片
紫色素布45cm×35cm2片
紫色花布50cm×30cm1片(蝴蝶结)
里布45cm×35cm2片
布衬

How to make

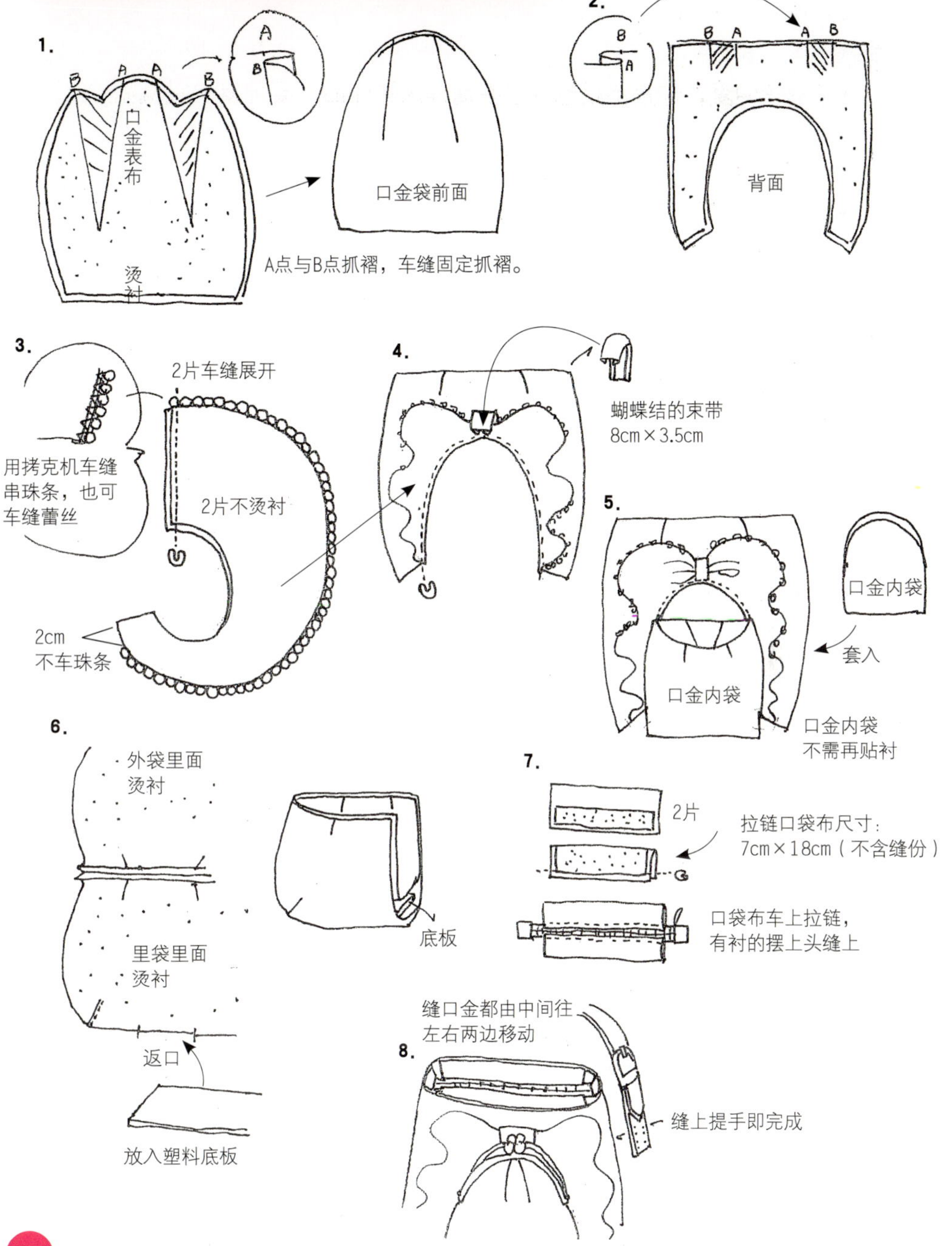

最新募集主题　巧“搜”主义——主题同步玩手作

我用“先染布”做的私房手作拼布

跟着《巧手易》的全新主题一起同步玩手作，show出你最得意的作品，就有机会在《巧手易》杂志上变成人气当红炸子鸡喔！

截止日期：2011年8月31日，录取者将刊登于NO.46期。

注意：以上募集不限定颜色并加入自己的创意，请以“布”作类作品为主，尽量以未刊登其他杂志为限，为避免版权争议，作品请勿一稿多投。若作品的构想为参考其他书籍，也请详记书名并加入自己的创意，请勿与原作品雷同。请用文字详述介绍作品(文字30字内)。参加者请先附上1～2张照片，或传电子图档JPEG格式至本公司电子信箱(made.mag@msa.hinet.net)，录取者我们会寄上小礼物以示感谢。

请于指定日前寄至本公司，台北市南京东路1段52号6楼企划部收，并在信封封面注明参加单元，以利作业流程，谢谢合作！

＊作品若没有录取，照片不予退还，敬请见谅。为了尊重及保护作者的权益，此照片不会利用在杂志以外其他用途。

＊本公司有保留审核与赠品更换的权利，如遇赠品用完，将以同等值的赠品代替，敬请见谅。

读家留言

Readers message

这一期的读家留言，有许多读者写信来告诉小编，他们很喜欢我们出版的手作书籍，不只是拼布类的书，其他手艺类的书也大受好评，让编辑部团队超级感动！台湾有很多优秀的手作家，都需要大家的鼓励和支持，希望读者们可以继续为手作人加油打气，也欢迎粉丝们写信大力推荐喜爱的主题。

《巧手易》八周年生日即将到来，记得要写下你的祝福寄回函来给我们喔！

（Q：读者来函　H：编辑部回应）

Q1. 之前在杂志内有厨娃的连载，现在好像没有看到相关作品？（苗栗县胡小姐）

H：胡小姐您好，谢谢您的来信。苏老师在出完个人创作书“好可爱拼布”后，希望杂志内的单元连载可以先休息一下。小编在这里偷偷预告，近期可爱的厨娃又会重出江湖和大家见面，敬请期待！

Q2. 请问有在布上涂色的布品应用吗？（桃园县陈小姐）

Q3. 请多介绍拼布以外的延伸，例如刺绣的搭配。（彰化市朱小姐）

H：陈小姐您好，谢谢您的来信。在布上涂色必须使用专用颜料，在《巧手易》NO.13 ~ 16 曾经连载过陈慧如老师的“彩绘与拼布”单元，你也可以找出这几期跟着老师的示范画画看喔！

朱小姐您好，谢谢你的来信。在《巧手易》NO.42 开始有“达人的拼布讲座 Live 刺绣与拼布”单元，每期都会有详细的图片教授刺绣技法，建议你可以将所学运用在拼布作品上，相信会有意想不到的效果！

Q4. NO.44 介绍的“我用拼布与佛结缘”报道好精彩，佩服邱老师的细腻手法，以及壁饰上面光线折射的拿捏，真是太棒了。（新北市林小姐）

H：林小姐你好，谢谢你的来信。当初收到展览的照片，小编们也都超级崇拜老师的技法，下一期“我的拼布故事”将有邱碧兰老师的介绍，要准时收看喔！

Q5. 很想学 NO.44 期封面的甜甜圈卷尺。（台中市王小姐）

Q6. 好喜欢指吸快子老师的拼布小物，希望可以多看到一些她的作品。（台北市俞小姐）

Q7. 在 44 期看到“笑刻刻：刻章达人的创意手作书”的介绍，觉得很棒。（新北市钟小姐）

H：王小姐你好，谢谢你的来信。许多读者纷纷来信反映他们超喜欢郭桄甄老师的作品，老师的新书“手心里的袖珍甜点”在 7 月已经甜蜜上市了，其中除了饼干卷尺的详细做法，也收录了超多款可爱的袖珍甜点，喜欢她作品的粉丝们可别错过。

俞小姐你好，谢谢你的支持。指吸快子老师的作品我们也都好喜欢呢，因为人气超高，她已经开始准备个人拼布创作新书啰！敬请密切注意杂志内的出版信息。8 月份指吸老师也将举办迷你讲座。

钟小姐你好，谢谢你的来信。收到很多读者的来信，小编发现大家除了玩拼布，也都很喜欢其他手艺，别忘了刻出你自己的风格橡皮章后，要来投稿啊！

Personal Profile 個人資料

巧手易粉丝幸运儿

恭喜 NO.44 回函的幸运儿
朱玉勤小姐（彰化市）！
感谢大家的热情鼓励，
我们会赠送小礼物给你。

NO.44 最想试作票选前三名：

1. 曼谷时尚桃红包
2. 桃子妹妹荷兰花园扁包
3. 笑嘻嘻花精灵胸针

NO.44 我的最爱前三名：

1. 甜点系拼布小物
2. 布的游乐园“蝴蝶结造型”
3. 松山敦子老师的甜美布落

How to make

P.6 长耳兔仔趴趴走随身包

做法绘图 / 胡瑞娟　美术设计 / 宇柔

※亲爱的读者：
为了避免争议，日后刊登的作品教学内容为老师的原稿呈现，拼布用语会略有不同，特此告知。

材料

袋身表布多色拼布6.5cm×9.5cm(含缝份)共30片
中袋布30cm
厚布衬30cm
图案贴布部分：白色布10cm×10cm
　　　　　　　橘色花布10cm×10cm
　　　　　　　绿色绣线约120cm
织带背带约120cm(可依个人喜好增减长度)

做法

袋盖：

1. 表布1片缝上图案贴布，胡萝卜茎的部分用轮廓绣，叶子的部分使用乱针绣，兔子眼睛以结粒绣完成。
2. 里布1片烫上厚布衬。
3. 表布与里布正面相对，上端为返口不缝，周边车缝，翻至正面整烫，完成袋盖部分。

袋身：

4. 表布单片15片(前、后共30片)以5cm×8cm多色拼接完成，再按纸型修剪多余的布。
5. 完成前、后片，车缝袋底褶子部分。
6. 两片正面相对，上端为返口不缝，车缝周边，缝份烫开。
7. 中袋布2片烫上厚布衬，车缝褶子，根据个人需求缝制内口袋。
8. 两片正面相对，周边车缝，缝份烫开。

袋盖与袋身接合：

9. 将袋盖先与袋身表布中心对齐固定。
10. 背带固定在两侧边。
11. 中袋的反面翻至外侧，套上袋身表布。
12. 袋口留约10cm的返口，其余车缝。
13. 从返口处翻至正面，返口处藏针缝合，整烫即完成。

袋盖表布

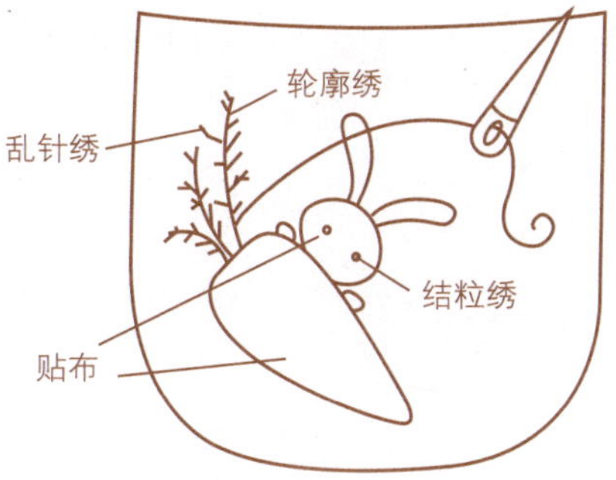

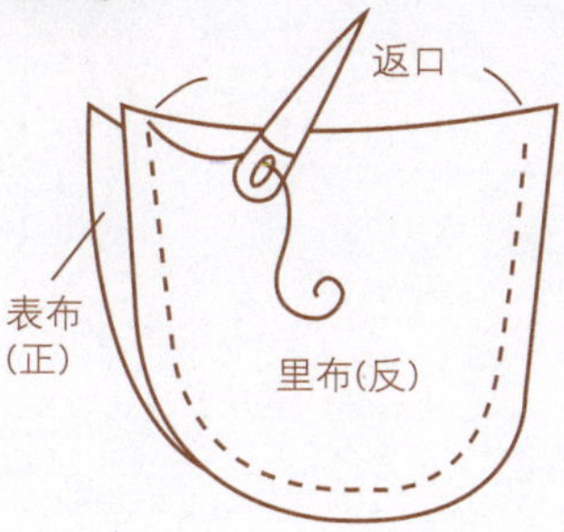

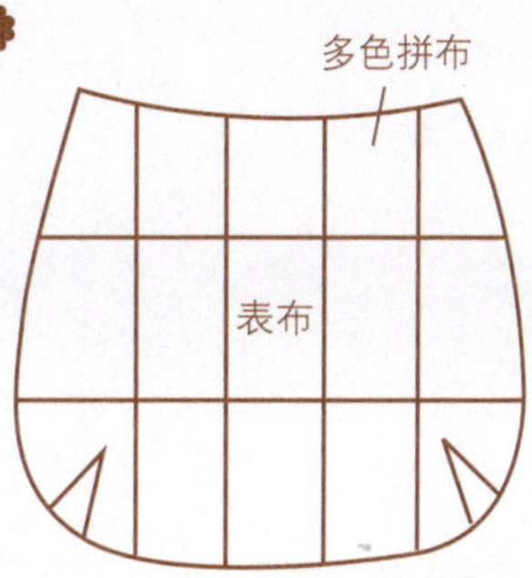

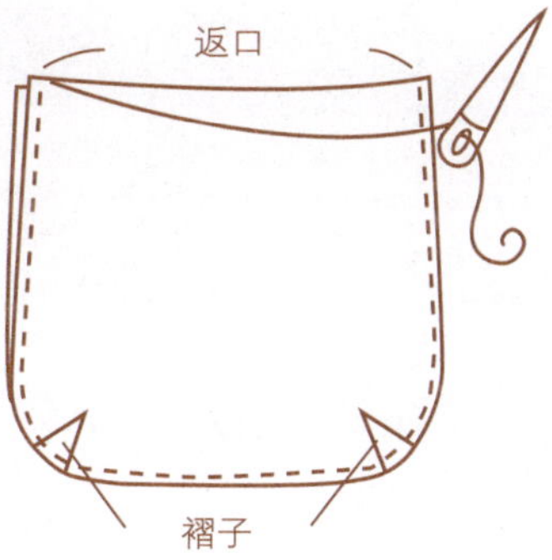

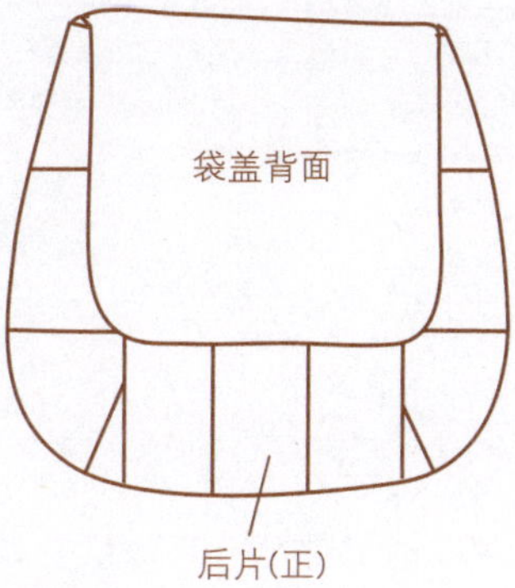

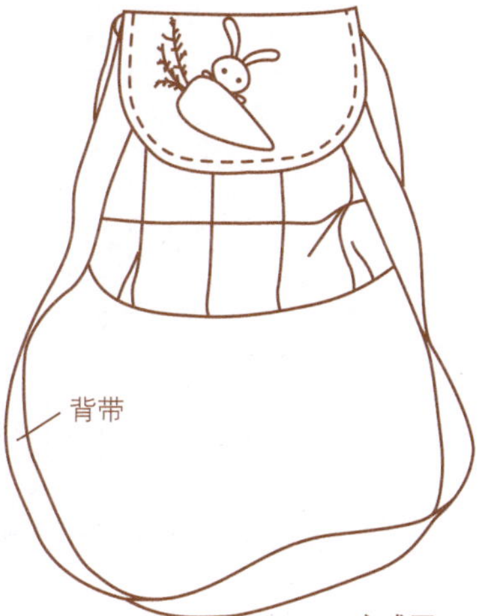

完成图

P.8 苏姑娘的花朵梦工厂小提袋

材料

表布：主体布30cm、前片拼接布(4片)各10cm×10cm
图案贴布缝用布：7~8色布各少许
图案贴布底布（白底粉红小点点布）：15cm×15cm
绣线(咖啡色、红色、苹果绿色、粉红色)
里布30cm
坯布
铺棉
提手1组

做法

1. 苏姑娘、蝴蝶、狗依原尺寸图的顺序完成贴布缝。
2. 依原尺寸图先拼接前片，再与底布及后片缝合完成表布，表布+铺棉+坯布三层一起压线(中间压2.5cm菱形格子)。
3. 裁里布1片尺寸同表布，与步骤2的表布正面相对，缝合一圈并留返口。
4. 从返口处翻至正面，用藏针缝方法缝合返口处，本体完成。
5. 侧边布+铺棉+坯布三层一起压线(共做2片)。
6. 侧边布2片各与里布缝合完成(做法同步骤3~4)。
7. 本体(反面)各与侧边布(反面)卷针缝合成袋子。
8. 翻回正面，最后将提手缝合即完成。

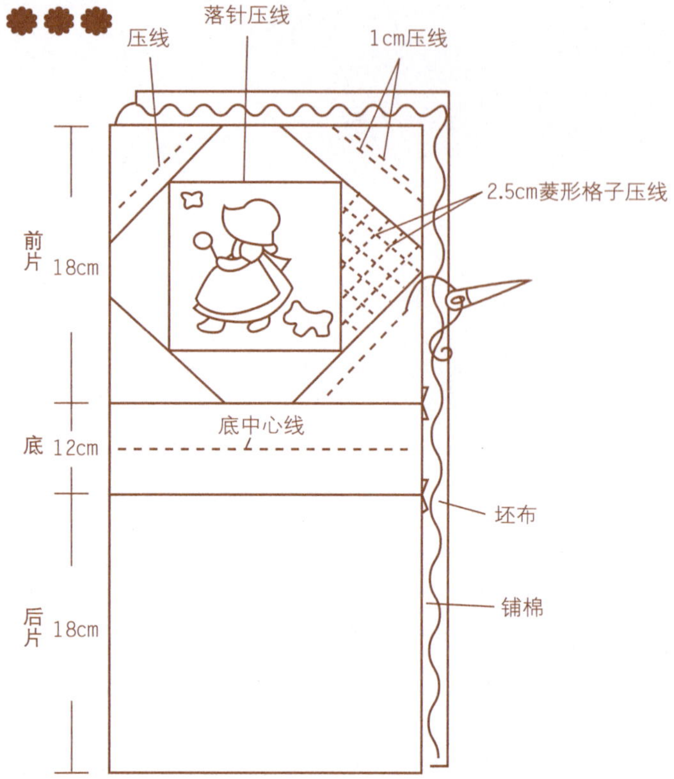

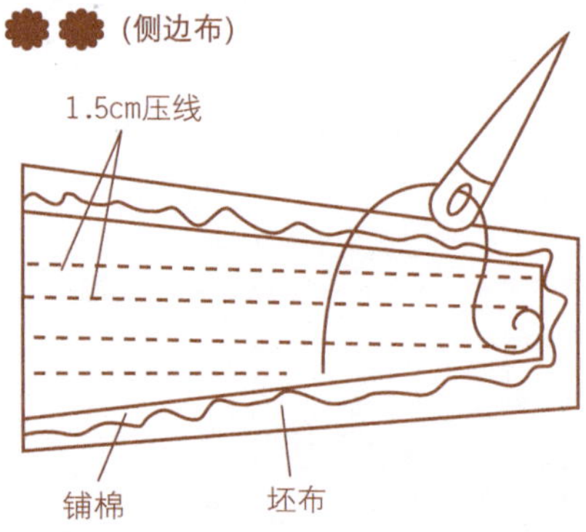

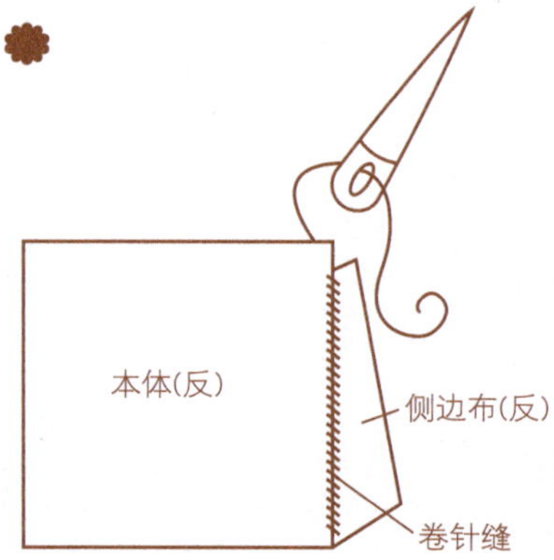

How to make

P.10 快吃！快吃！冰激凌留言板

材料

碎布数种
铺棉20cm×35cm
里布20cm×35cm
鸡眼扣(大)2个
链子5cm2个
装饰用叉子
塑料布12cm×35cm
斜纹滚边布宽3.5cm长120cm

做法

❀1.先拼接图案，完成后加上铺棉压线。
❀2.步骤1与上方布片接合，冰激凌图案处与塑料布缝合。
❀3.步骤2与里布反面相对，用斜纹滚边布包边。
❀4.打洞，将鸡眼扣装上，再穿入链子。
❀5.缝上装饰用叉子即完成。

❀

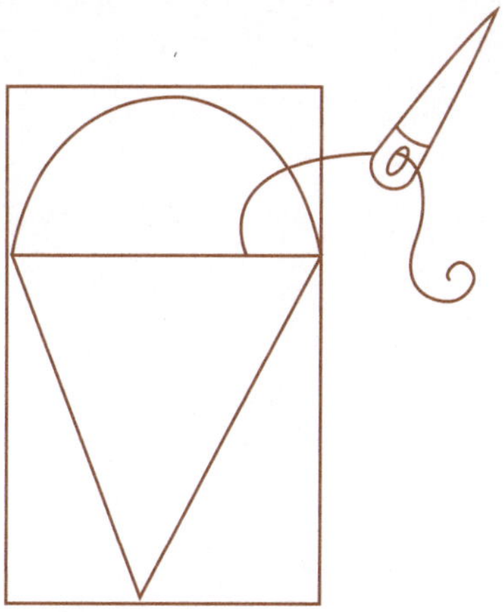

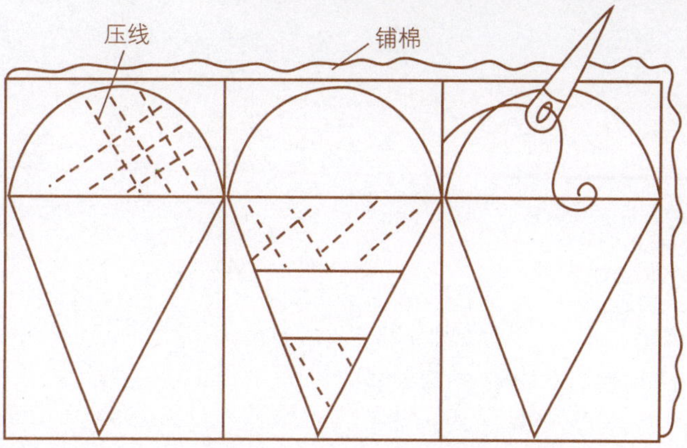

❀❀

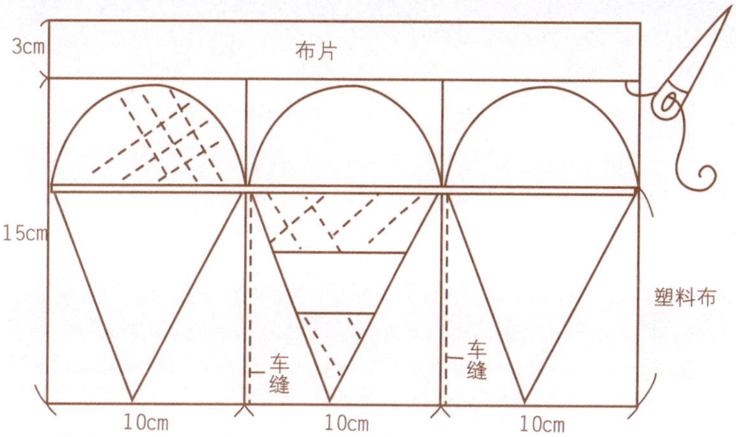

❀❀❀

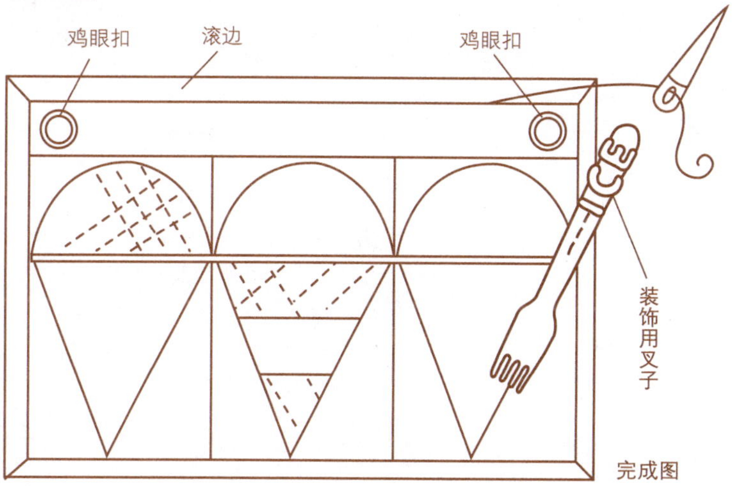

完成图

How to make

P.14 时尚学院英伦包

材料

零钱包：
链子约20cm长1条
四合扣10mm1组
挂钩3cm长1个、4.5cm长1个
鸡眼扣8mm、5mm
咖啡斜纹布包边用3cm×90cm1条
表布18cm×10cm4片
衬18cm×10cm4片
格子小提包：
咖啡色布约21cm×12cm2片(后片装饰布加衬)
咖啡色布约23cm×18cm2片(前盖加衬)
格子布约40cm×23cm2片(前片口袋加衬)
格子布约26cm×26cm1片(后片表布加衬)
里布约26cm×26cm3片(后片里布、前片里布加衬，唯有前片口袋后方不需烫衬)
侧边表布64cm×19cm1片(烫衬)
侧边里布64cm×19cm1片(烫衬)
塑料条包边用150cm1条
包边斜纹布160cm1条
提手总长约54cm1条(1.5cm×45cm)
10mm四合扣6组
扁口环2.8cm高2个
拉链30cm1条
撞钉10mm2组
转锁3cm1组

做法

格子小提包：
❀1.将后片装饰各贴衬并车成ㄩ形翻回。
❀2.后片的里布与表布皆烫衬。前片的里布2片，其中1片烫衬(口袋后方)。
❀3.前片口袋烫衬，并依皱褶疏缝2片，并包边、加转锁。
❀4.前盖2片烫衬，翻回车压线，加转锁。
❀5.侧边条烫衬备用。
❀6.先疏缝包绳前、后片。
提手：
❀7.a.长8cm×5cm的咖啡色布(含缝份)，钉上10mm的撞钉2组。
b.长8cm×15cm的咖啡色布(含缝份)钉上四合扣1组。
❀8.缝上前后侧腰的布，再将提手缝好，也缝上拉链即完成。
零钱包：
1.里布烫衬，车圆并将不要的圆剪开，翻回再车缝压线。
2.拉出翻面。
3.打8mm鸡眼扣及打5mm鸡眼扣，并钉上四合扣。装上3cm问号钩、20cm长的链子及4.5cm问号钩，缝上市面上卖的皮革或自己的布标即完成。

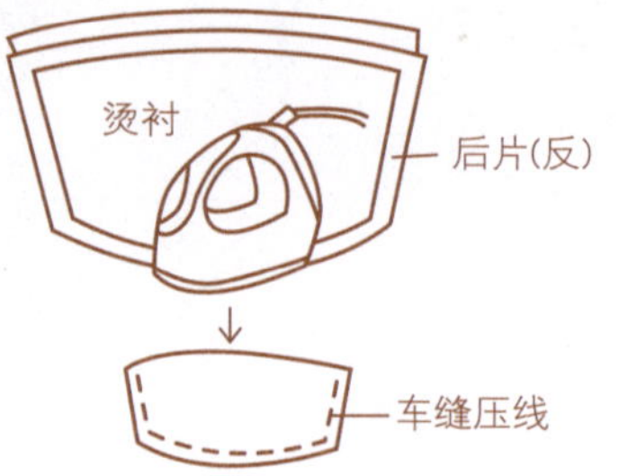

(侧边条)

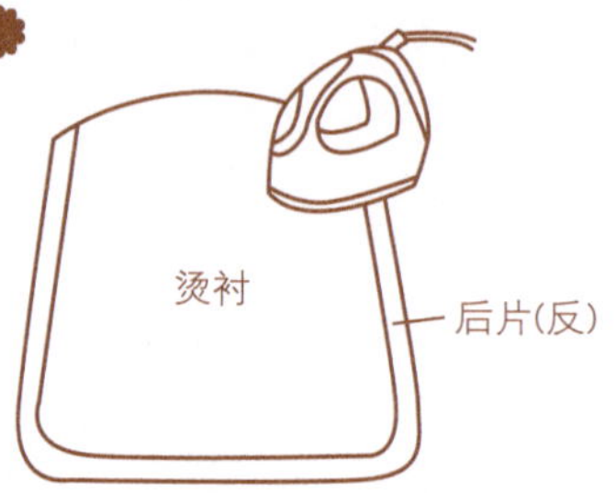

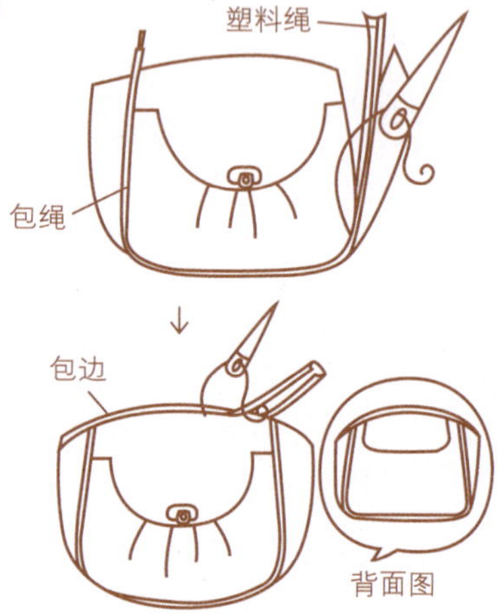

提手

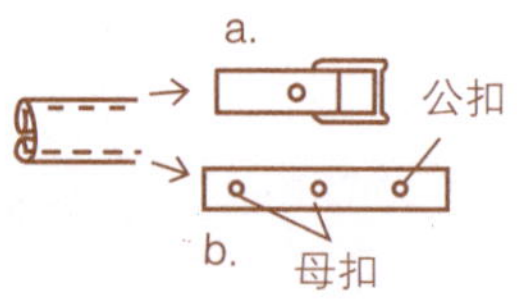

零钱包

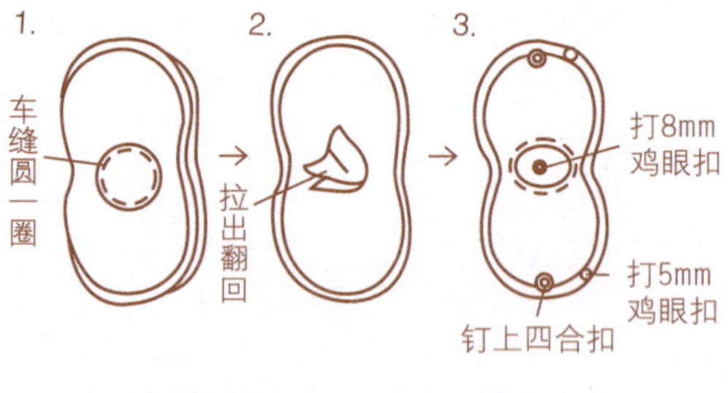

前盖

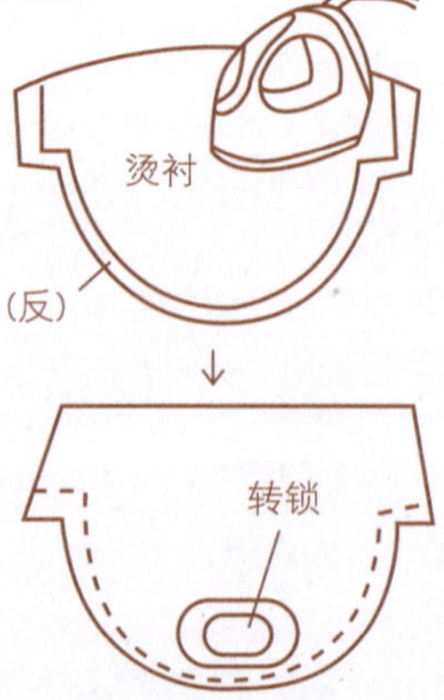

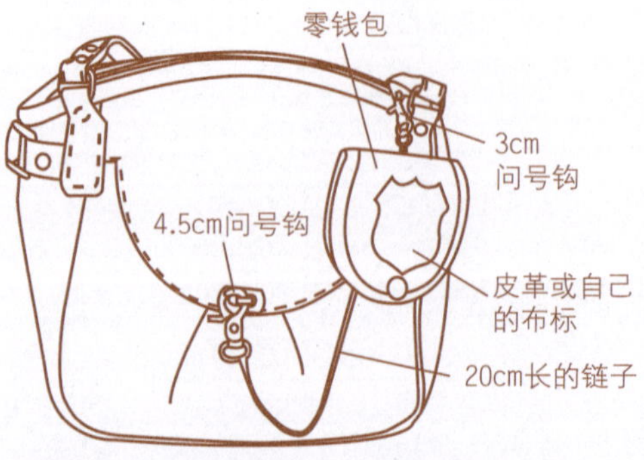

完成图

How to make

P.15 紫罗兰童话精巧提包

材料

格子配色布30cm×15cm2种
紫色花棉布30cm×15cm
大、中格子布各30cm×55cm
提手刷毛棉布40cm×20cm
里布60cm×55cm
拉链20cm
1.5cm塑料片4片
1cm塑料片4片
人字带10cm
装饰蕾丝花片5个
绣线少许
中布衬

做法

❀1.把布片A、B、C片拼接起来，组合成主体的正面表布，烫上铺棉、中布衬，重叠在一起后压线。

❀2.缝上蕾丝花片绣上花心，裁1片里布29.4cm×21cm，口袋布14cm×21cm1片，对折四周车缝留返口，固定里布正确位置，再把表布重叠在里布上。

❀3.裁3.5cm斜纹布两条，缝至主体表面，上、下包边完成0.7cm，缝上拉链。

❀4.侧边表布两片，烫上铺棉、中布衬压线，裁两条5cm人字带，对折疏缝于表布侧挡中间的位置，再把表布主体与侧挡布车缝组合，里布侧边挡布再缩缝立针缝固定。

❀5.缝制提手：依提手纸型裁出厚刷毛棉布，烫上厚布衬各4条，正面对正面车缝留返口，再以藏针缝合，接着将提手对折，头尾各留4.5cm，再沿边0.3cm处车缝一道固定正确位置，塑料片包棉布缩缝装饰固定于提手位置上即完成。

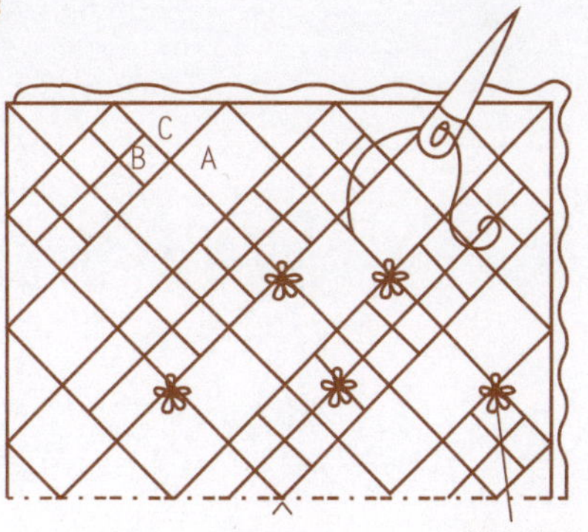

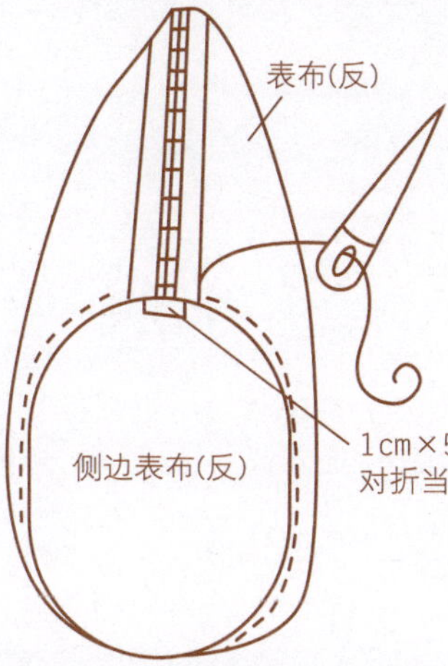

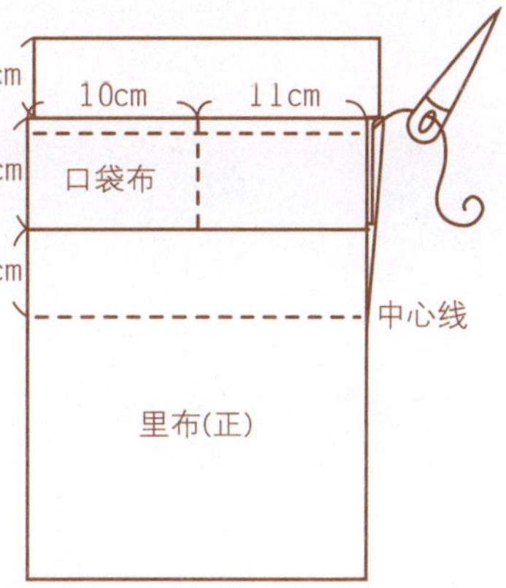

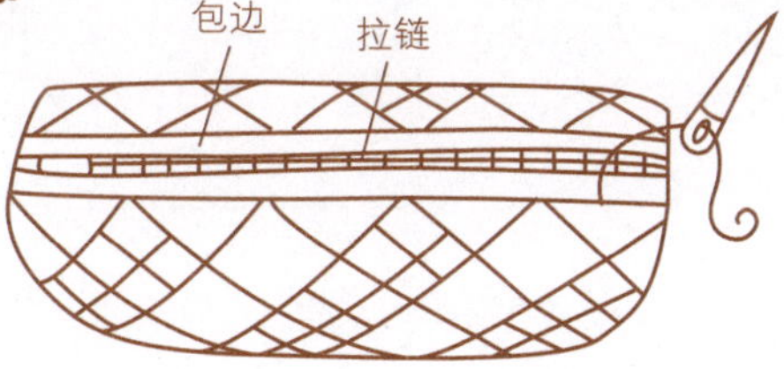

提手

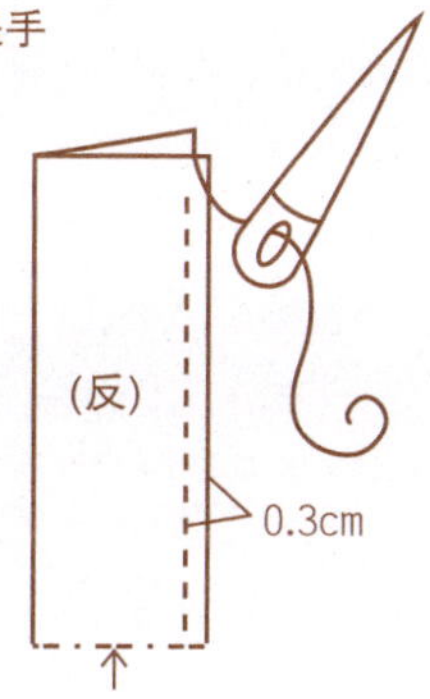

(表布)

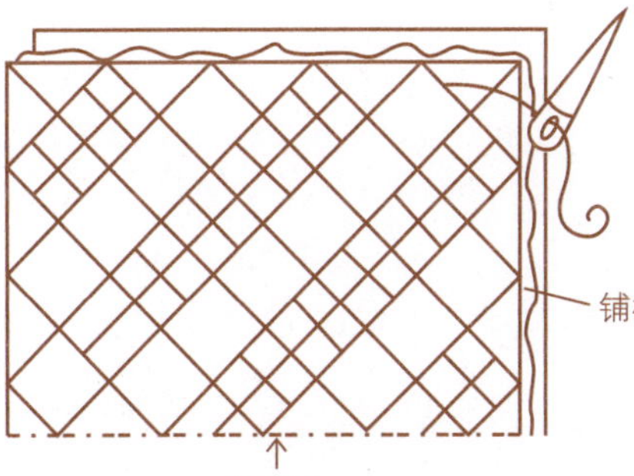

(侧边表布)

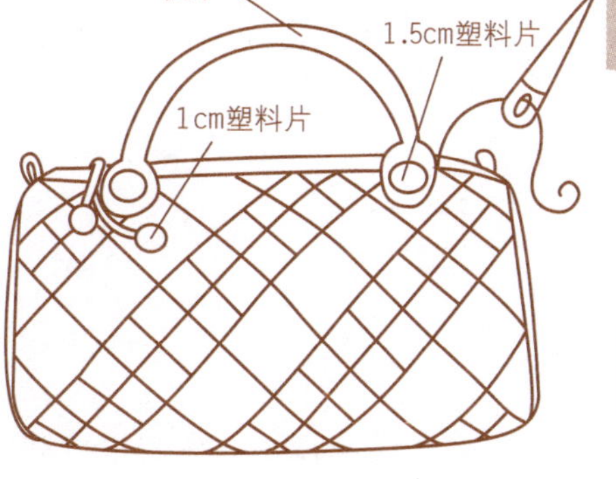

完成图

动手做吧……

How to make

P.17 城市少女格纹袋

材料

格子布45cm
内袋布90cm
黑色布30cm
皮布15cm
滚边棉绳100cm
毛线50cm
拉链23cm、20cm各1条
提手织带150cm
口制五金1个
纽扣3颗
奇异衬30cm
磁扣1个
表布拉链口袋尺寸：25cm×40cm
拉链内袋尺寸：28cm×40cm
内袋口袋尺寸：30cm×16cm

做法

1.前片、后片两端加入皮布接合完成。
2.前片取好图案加上奇异衬，贴缝后加铺棉压线。
3.后片花朵加上奇异衬贴缝完成，拉链完成开口，加铺棉压线后车上拉链。
4.包绳做出芽车缝于前片。
5.内袋上、下接合，拉链口袋及内口袋车缝完成。
6.表布上端与内袋上端先接合好，表布前、后片相接合，内袋前、后片相接合留一返口，车缝后于返口处翻回正面，缝合返口。
7.完成袋身后，上端开口处整烫后加上织带车缝一圈，接缝处加口制五金完成挂耳。
8.磁扣缝于开口上端，作品即完成。

前片

内袋

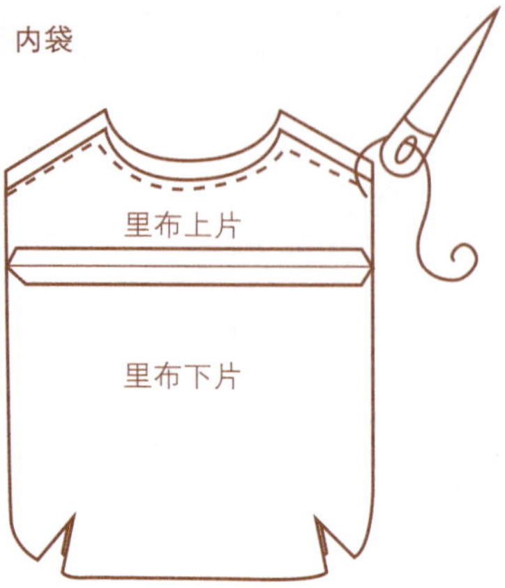

后片

俯视图

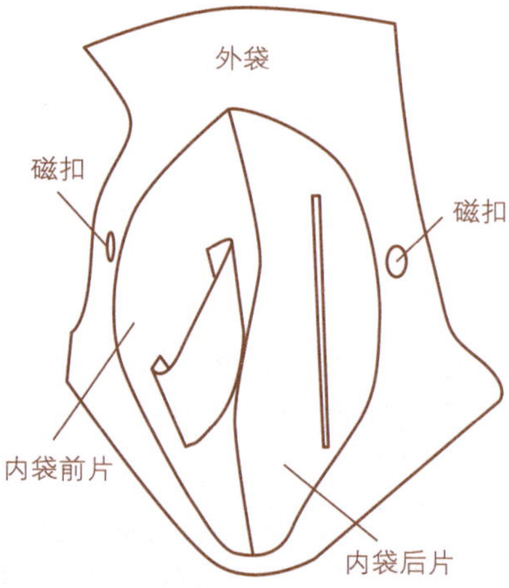

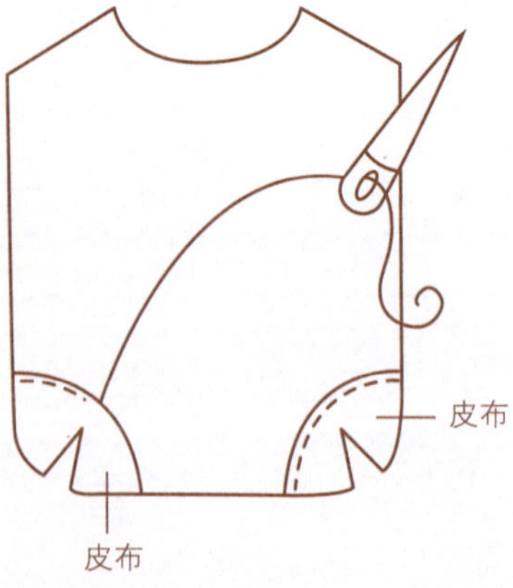

包绳做出芽

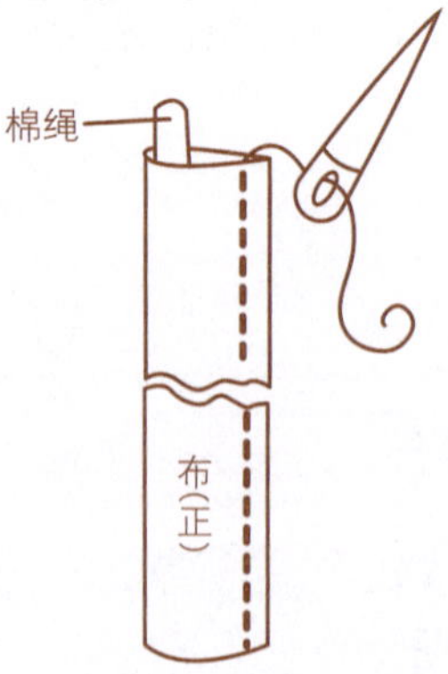

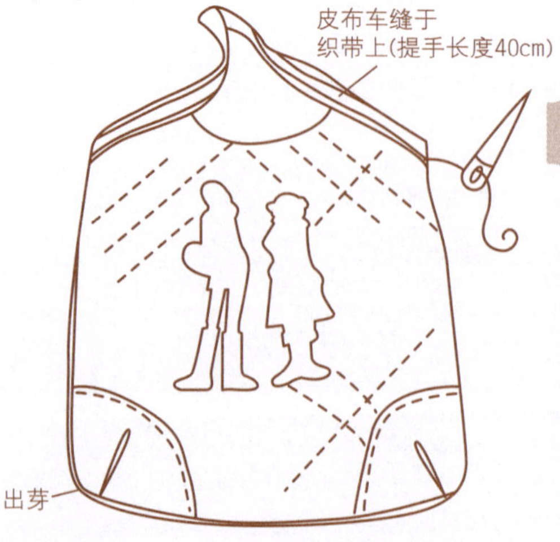

完成图

How to make

P.16 小黑兔置物篮

材料

棉布、扣子、棉花、蕾丝、压棉、绣线

做法

小黑兔

❀1.先按纸型裁布。

❀2.身体、手、脚2片缝合，弧线之处剪牙口，翻至正面塞入棉花，再将手、脚固定在兔身上。

❀3.将上耳贴缝至下耳，2片缝好，翻至正面，返口藏针缝合，耳朵中心折3折，固定在兔子头上。

❀4.衣服：上身前、后片先组合，翻至正面，裙子对折车缝一道，缩缝至腰身的尺寸。

❀5.套上兔子腰部缝合一圈，再上蕾丝，袖口要固定缝份。

❀6.脖子上的蕾丝，兔子要穿好衣服才能缝上去，边缩缝边固定。

❀7.再绣上兔子表情即可。

小提篮

❀8.将棉布画4cm×4cm，裁21片。

❀9.依图排列拼缝，缝份风车倒向。

❀10. 拼好铺棉，再压线(底也铺棉，再压线)。

❀11. 对折组合，再接底。

❀12. 内袋做法如表布，组合好，套上表袋，袋口车缝一圈。

❀13. 缝上提手，再缝上扣子做装饰。

❀ 小黑兔

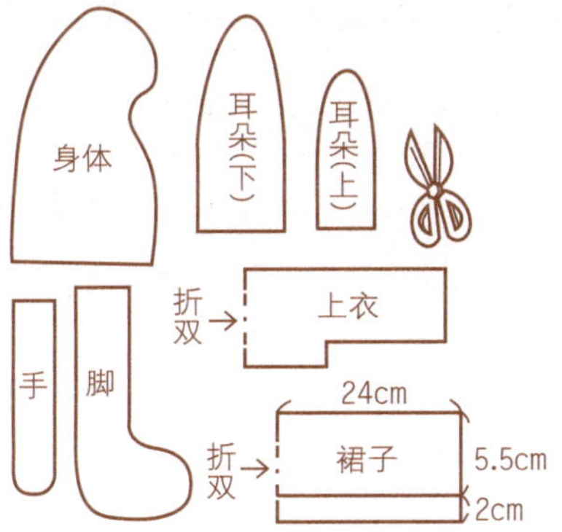

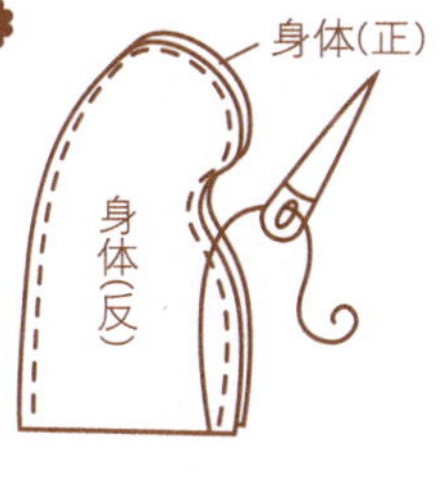

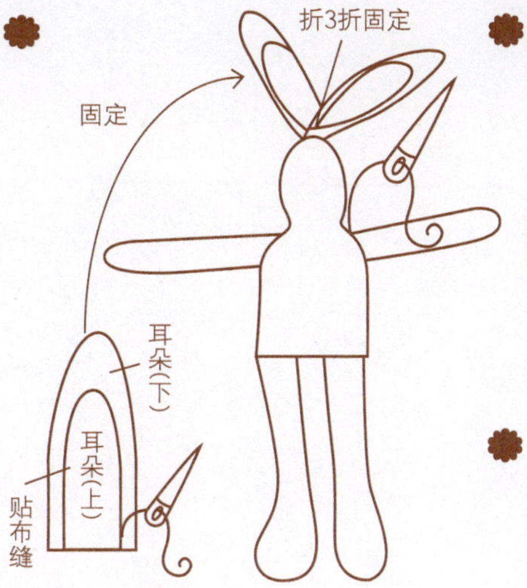

❀ 小提篮

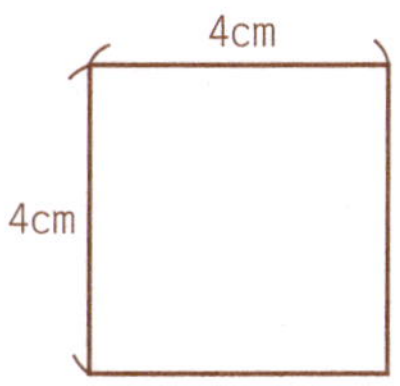

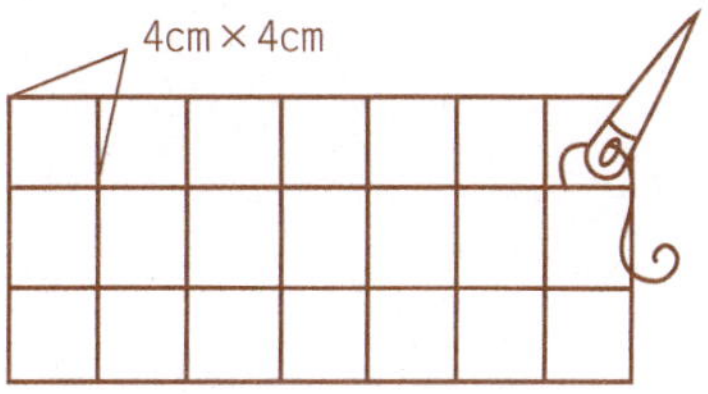

❀ 底

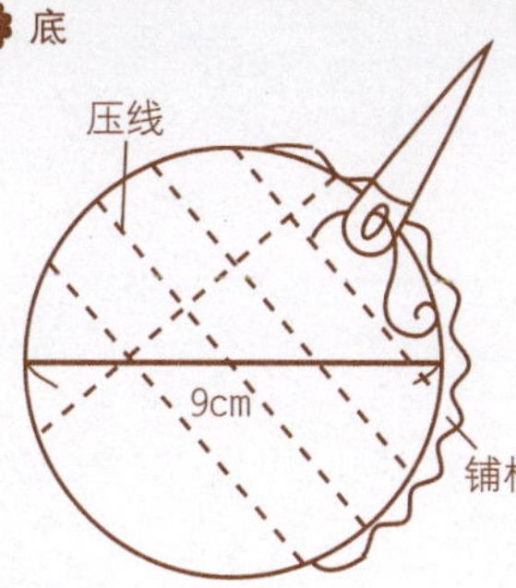

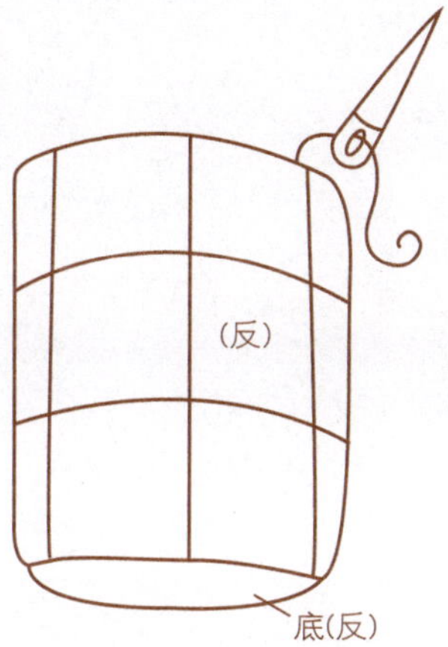

提手

裁布尺寸：10cm×3cm(不含缝份)

完成尺寸：10cm×1.5cm

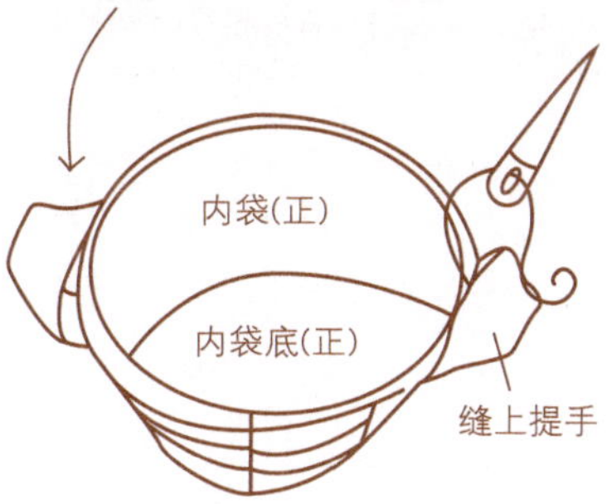

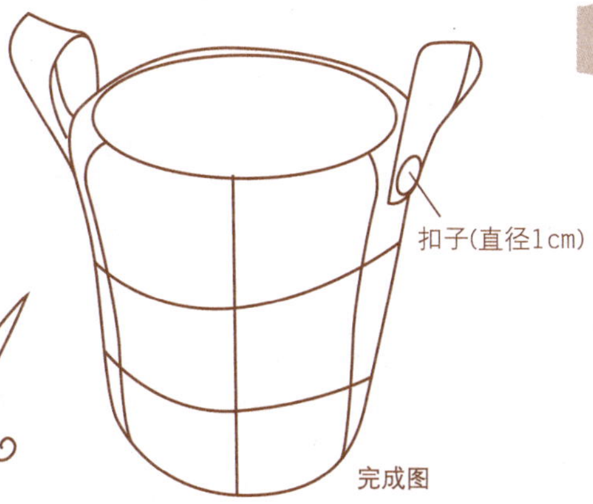

动手做吧....

How to make

P.18 香槟玫瑰束口袋

材料

格子布110cm×30cm
布衬28cm×45cm
皮绳80cm2条
棉花少许
织带2cm×36cm
缎带Mokuba 1540/3.5mm #081 #023 #074 #364 #366
DMC5号绣线 #3053

做法

❀1.表袋裁布62cm×29cm(已含缝份1cm)。
❀2.里袋裁布45cm×28cm(含缝份1cm)、布衬45cm×28cm。里袋袋口反折1cm，固定至表袋背面袋口边缘。
❀3.穿绳，绳子两端加上装饰耳。
❀4.2cm宽的织带上车缝1cm宽的格子布，再缝至袋口的里面固定，作为提手。
❀5.完成。

❀ 束口袋

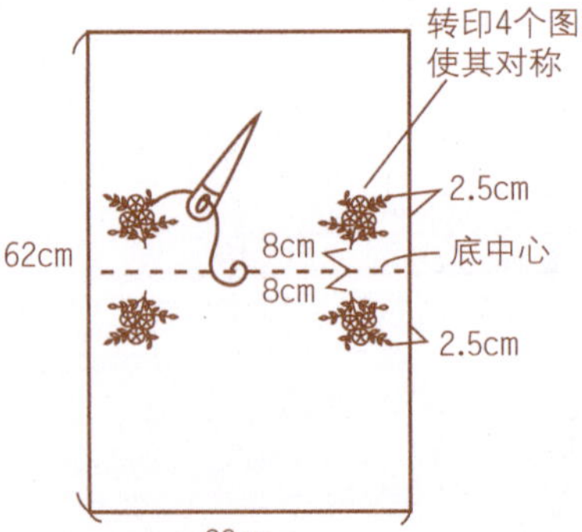

↓

表面对表面两侧缝合

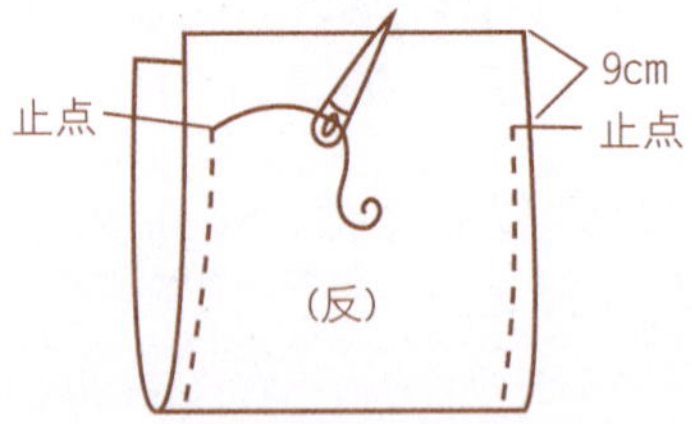

↓

侧边袋口缝份打开，平针缝固定

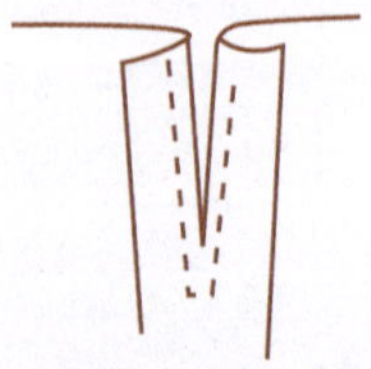

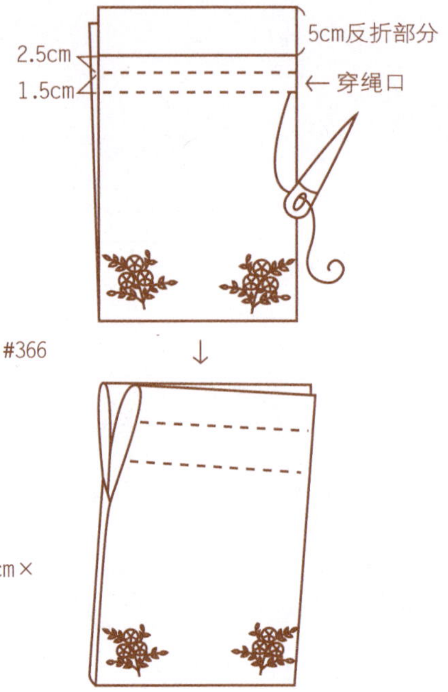

● 里布背面烫上布衬

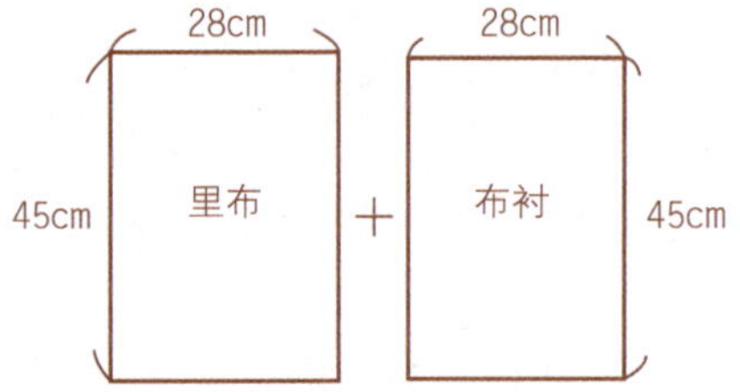

表面对表面两侧缝合

表袋与里袋都需打底12cm

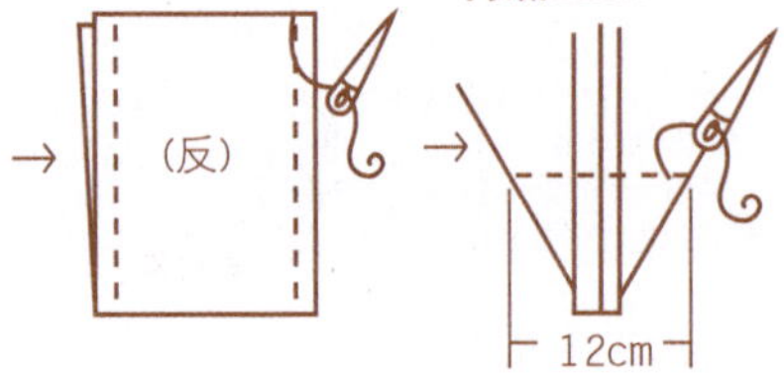

● 装饰耳

裁布9cm×5cm
(含缝份0.7cm)

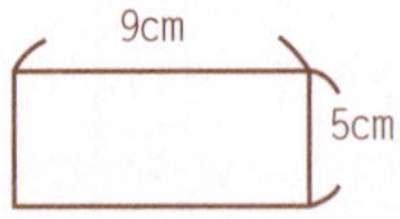

↓

● 对折

↓

●

↓

● 固定缝至皮绳上(皮绳先打结)之后往下翻

● 内塞一点棉花，边缘内折0.7cm，缝一圈固定

● a和b点对点缝合
c和d点对点缝合(如图)

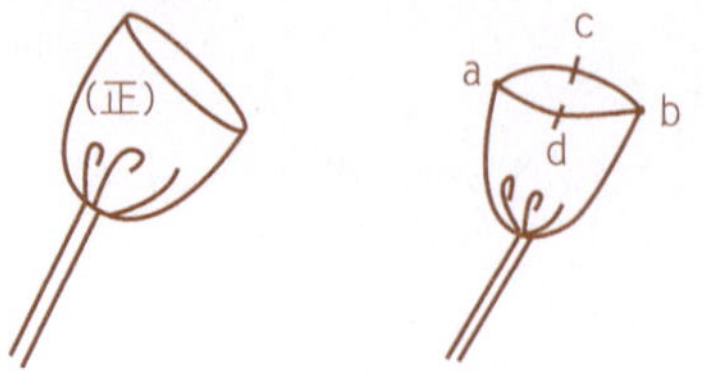

●

完成

❀❀❀

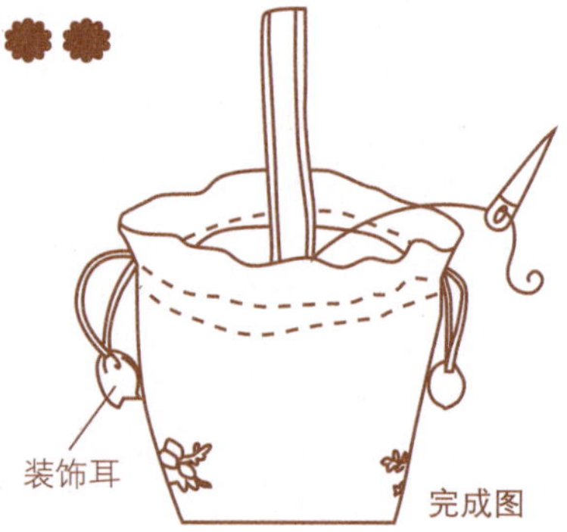

完成图

(刺绣)

*飞羽绣

*法国结粒绣

*雏菊绣

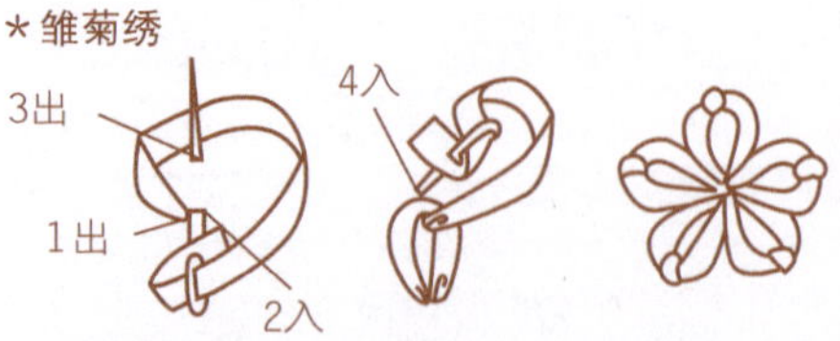

*轮廓绣

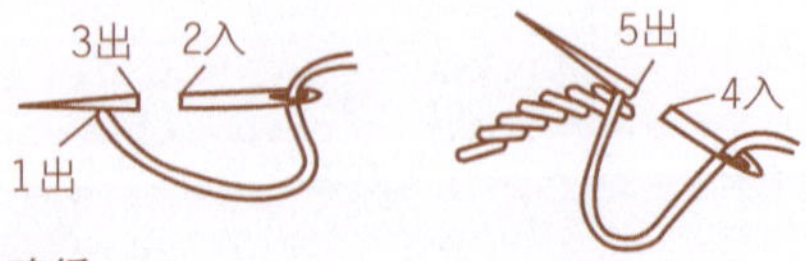

*玫瑰绣

How to make

P.19 格子地图曲线背包

材料

格子布8色各15cm×110cm
铺棉55cm×75cm
里布60cm×110cm
坯布45cm×110cm
滚边条4cm×250cm
30cm拉链1条
蕾丝60cm
皮片
三角五金配件各2个
皮制斜背带1条

做法

❀1.表布依顺序拼接成2片，画好压线图案，再与铺棉、坯布三层一起疏缝、压线。

❀2.侧边布依纸型画好，先画好压线图案，再与铺棉、坯布三层一起疏缝，压线。

❀3.里布依纸型裁表布2片，裁侧边布1片，再取内口袋布26cm×29cm2片，先将布对折，对折处车上蕾丝，再固定于里布前、后片上，车缝固定成2个内口袋，再与侧边布缝合。

❀4.表布与侧边布缝合做外滚边，再将里布套入袋口缝一圈。

❀5.拉链口布取3cm×23cm2片，布对折将拉链夹车，将做好的拉链口布固定于袋口，侧边布两侧缝上扣耳，最后袋口滚边，再装上斜背带。

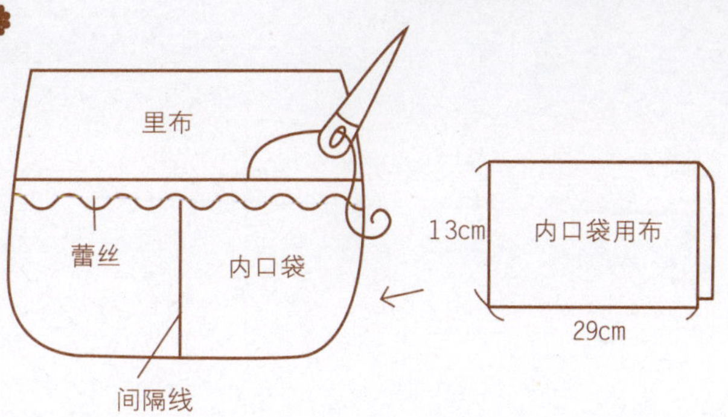

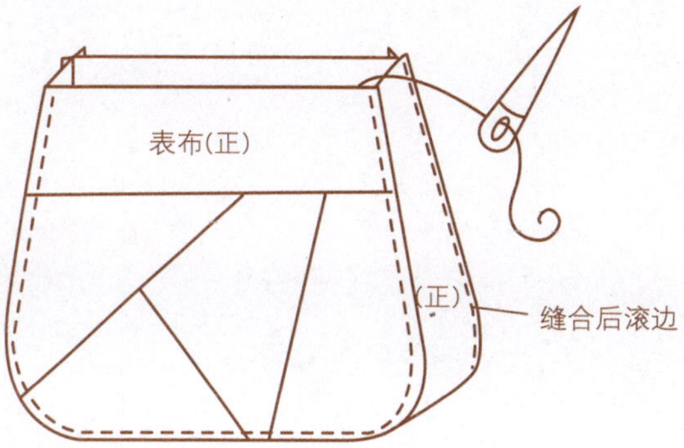

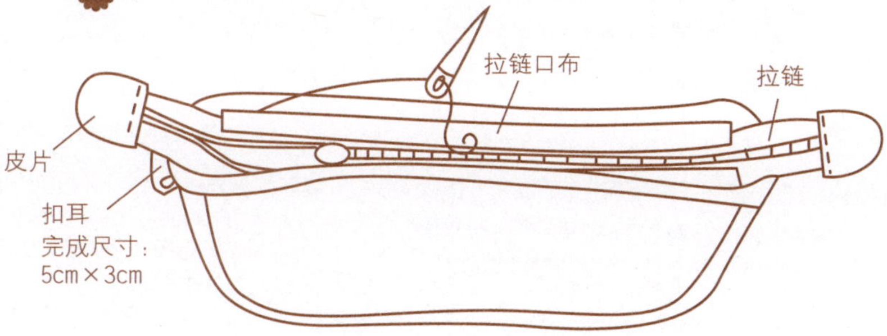

❀ 表布

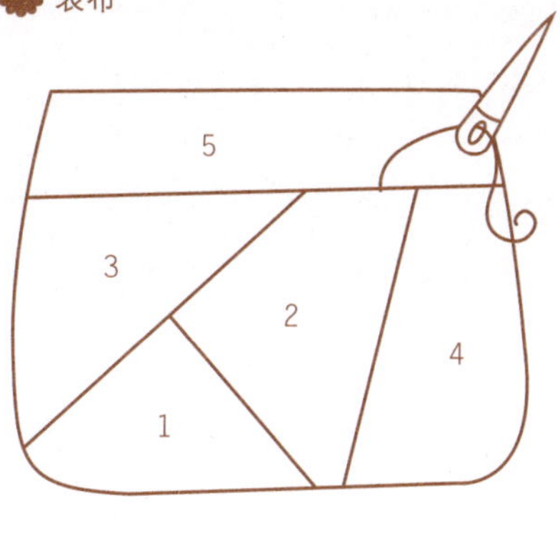

❀ 侧边布

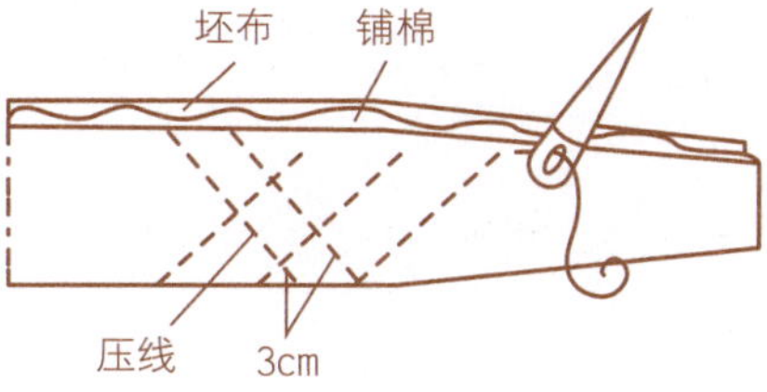

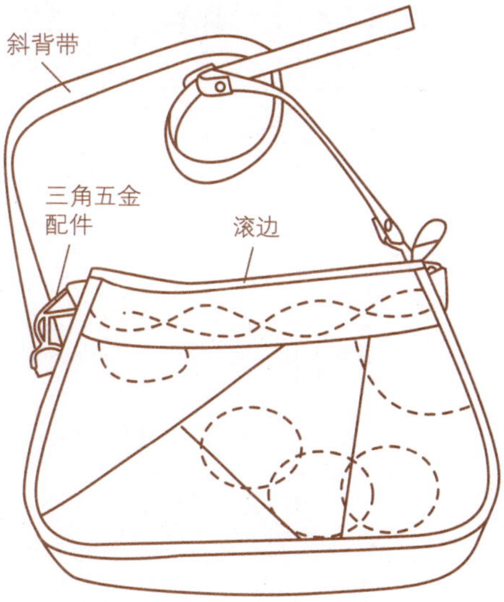

完成图

动手做吧….

How to make

P.21 巴尔的摩的恋人花园

材料

黄色、粉红色格子布各25cm×25cm
红色素布25cm×60cm
花布(含后背布、底布)50cm×60cm
配色布各适量
滚边布250cm长
吊架1个

做法

1. 贴缝上口袋布的小花、拼接中间图形成20cm×20cm。
2. 贴缝下口袋布的花、茎、叶成20cm×20cm的表布。
3. 两片表布各自底布+铺棉+表布三层压线。
4. 上口袋的上边、下边及下口袋的上边上滚边。
5. 各裁20cm×55cm的花布(即后背布)、铺棉、素布三层叠在一起压线(压线间距2cm宽)。
6. 将步骤4放置在步骤5上(如图)，四周上滚边。
7. 上口袋的底边以贴布缝与素布缝合。
8. 裁4cm×15cm的布做背后的挂布条，缝上后背布的顶端即完成作品。

上口袋布

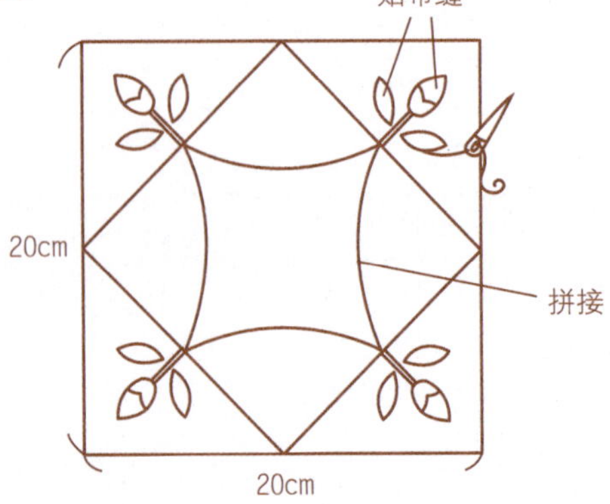

下口袋布

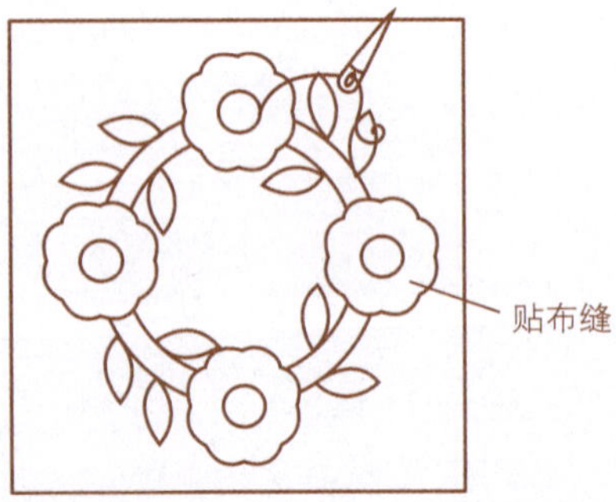

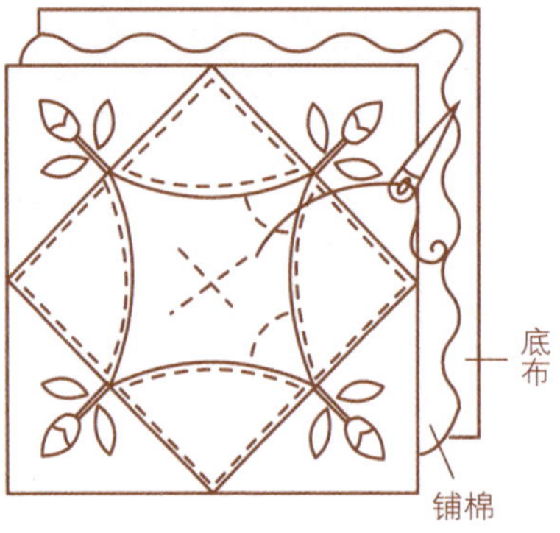

(后背布)

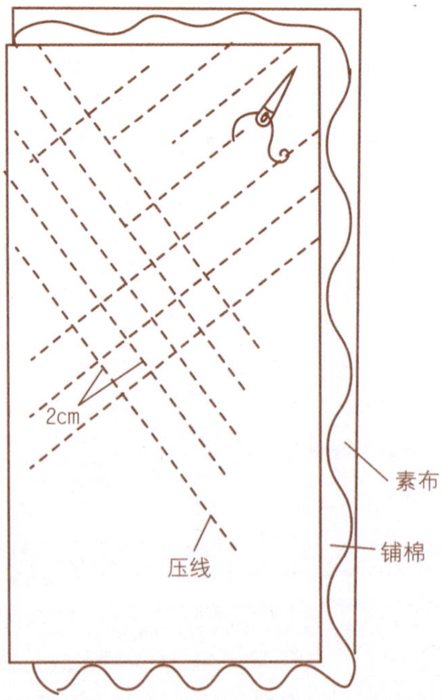

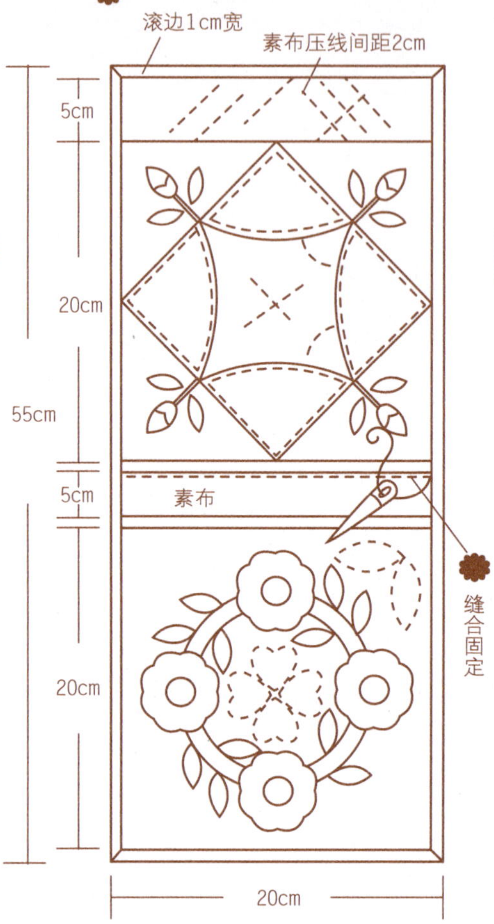

挂布条完成尺寸2cm×15cm，上、下方藏针缝合固定即完成。

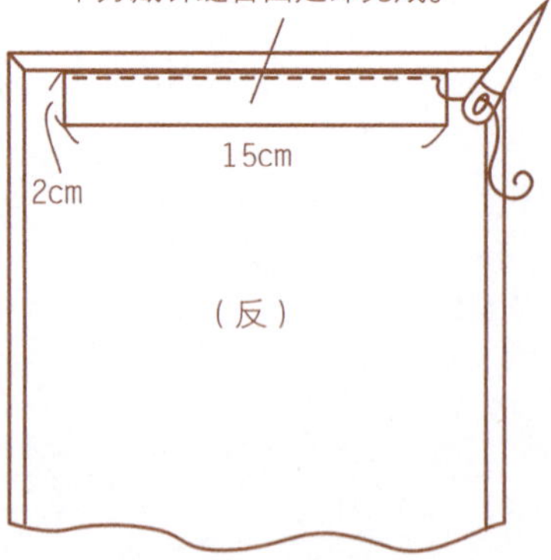

How to make

P.22 车车图鉴小盖被

做法

❀1.首先找出一块喜爱的布当表布，并依尺寸在表布上做记号。

❀2.将大花两片侧边先接缝，上下两侧缝到点为止即可。

❀3.将大花纸型缩缝一圈，上侧用贴布缝缝在表布记号线上。

❀4.大花内侧的圆(直径18cm)，先依序将6片圆用贴布缝缝上交通工具，再用贴布缝缝到大花中间即可。

❀5.小花先两片两片接缝，最后8片组成一圈，内侧缝到点为止，外侧用纸型缩缝一圈，再用贴布缝缝在表布记号线上。

❀6.依序缝上之后，落针压线即可。

❀7.缝上边条，即可与孩子边玩游戏，边认识交通工具。

交通工具作法:

※各种车辆依据原尺寸图稿顺序，依序用贴布缝缝上。

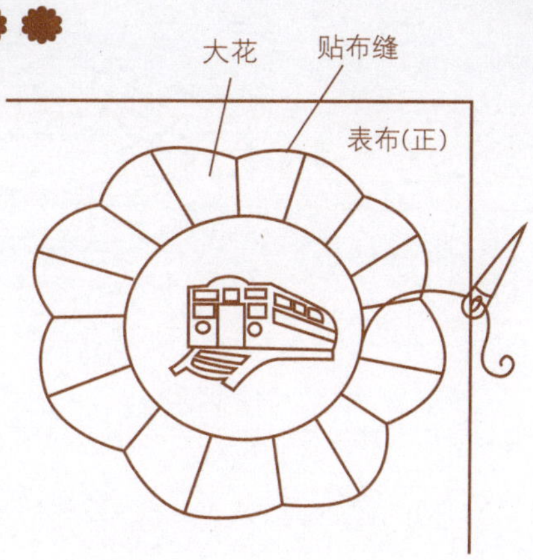

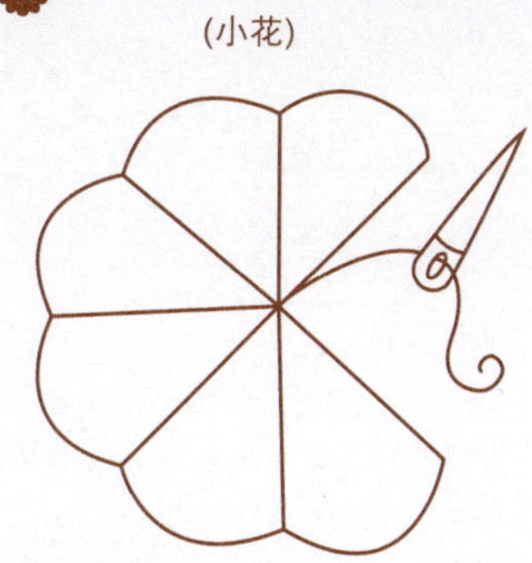

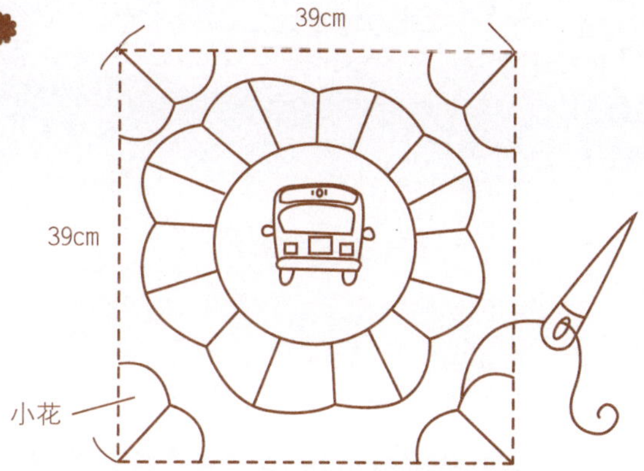

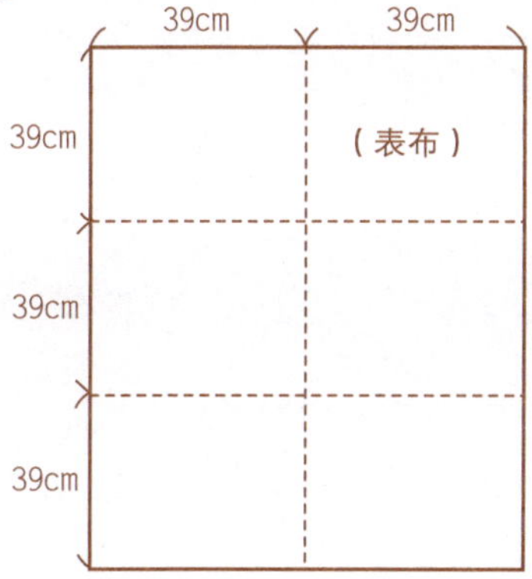

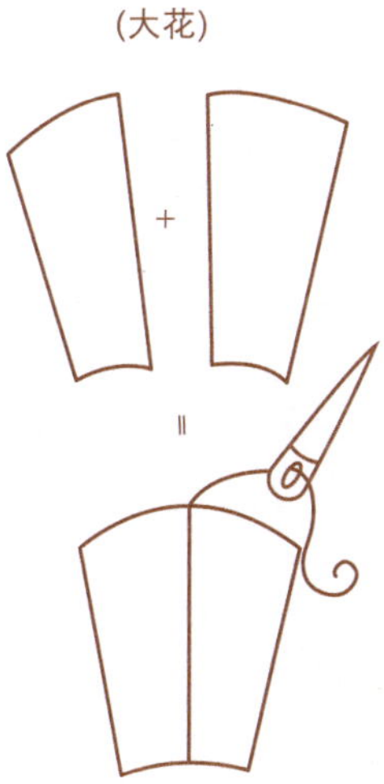

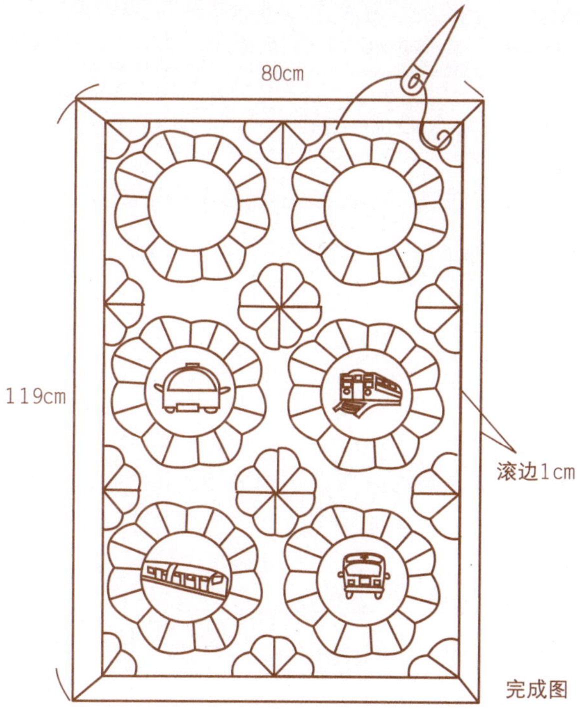

动手做吧……

How to make

P.23 交通工具笔袋

材料

棉布、拉链（15cm、18cm、20cm）木扣、双胶棉布衬、绣线

做法

❀1.先将车身、车窗、车轮、车灯裁好并贴缝。
❀2.棉布依实际尺寸裁好、烫好。
❀3.表布与里布车缝一起，返口留车底。
❀4.翻至正面，背面(里布)再烫过一次，再压线。
❀5.先缝上拉链，再卷针缝组合。
❀6.缝上木扣车轮即可。
※卡车、公共汽车的轮子烫上布衬，再缩缝烫好，车身组合好，再缝上车轮。

❀❀（卡车）

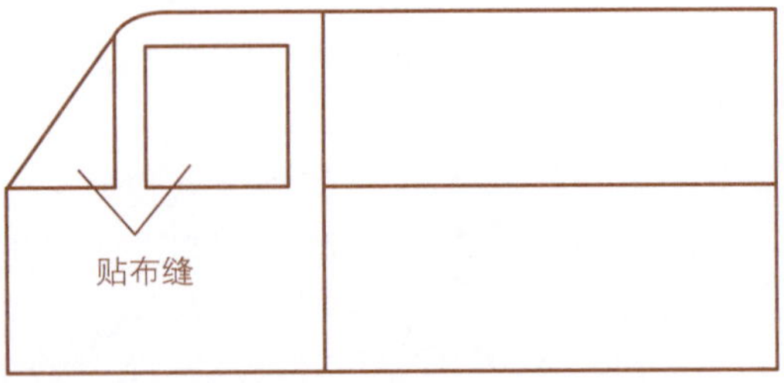

❀

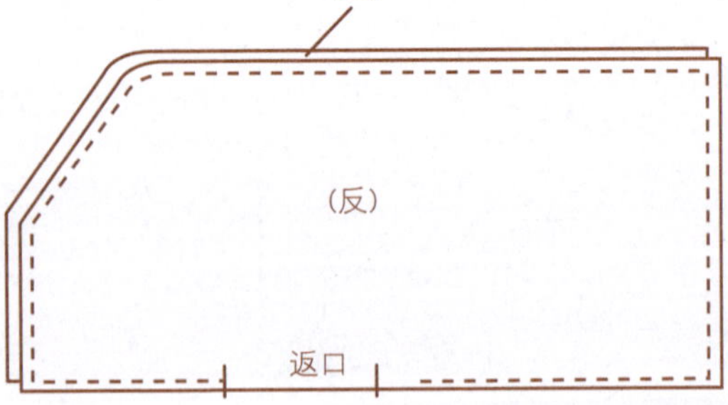

❀❀ 由上往下俯视

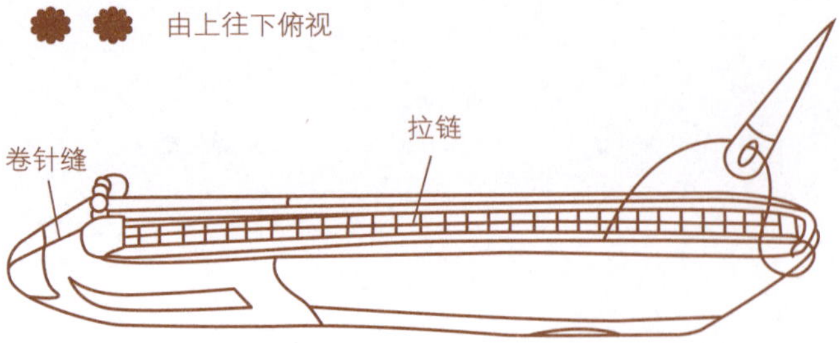

汽车

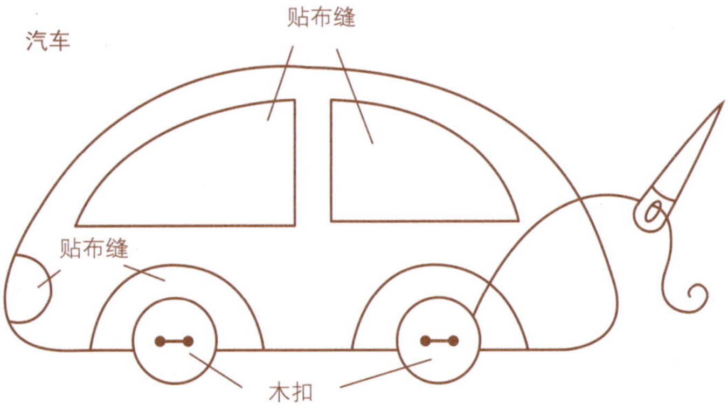

公共汽车

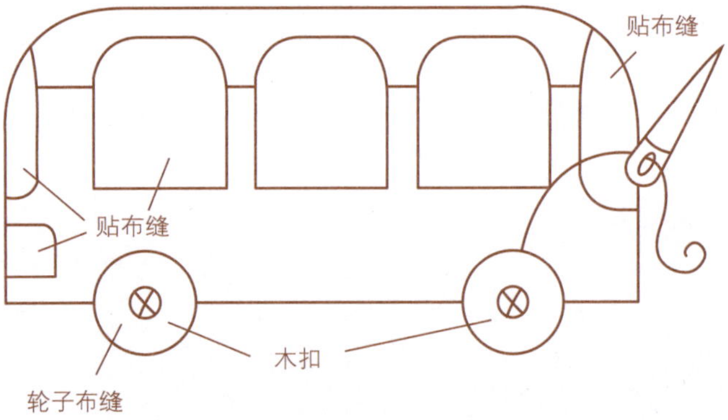

❀

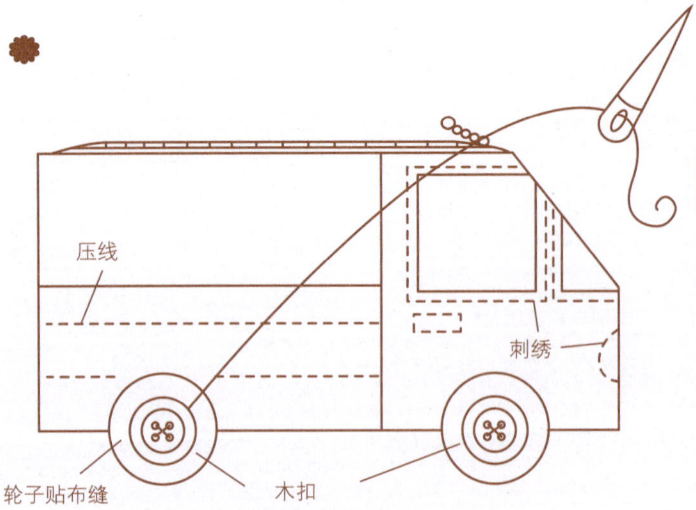

完成图

How to make

P.24 UFO银河音乐袋

材料

本体75cm×75cm
配合布(各种花布、格子布、点点布)少许
内里90cm×110cm
拉链16cm、46cm各1条
铺棉75cm×75cm
素布75cm×75cm
彩色接着剂200cm
绣线少许
织带40cm2条
出芽260cm
※裁布尺寸：底 74cm×7cm1片
口布 51cm×3cm2片
挡布 5cm×5cm2片
提手 40cm×6cm2片

做法

1.将贴布部分(车子、五线谱)贴在本体上。
2.本体、铺棉、素布三层一起疏缝后压线。
3.绣线部分用2股或6股，将符号绣上。
4.后片、底、口布，各疏缝并压线。
5.组合，口布上拉链。
6.将出芽固定在本体上。
7.内里一边上拉链，一边可依自己所需制作。
8.手把先固定好，然后一起组合。
9.将边包起来即可。

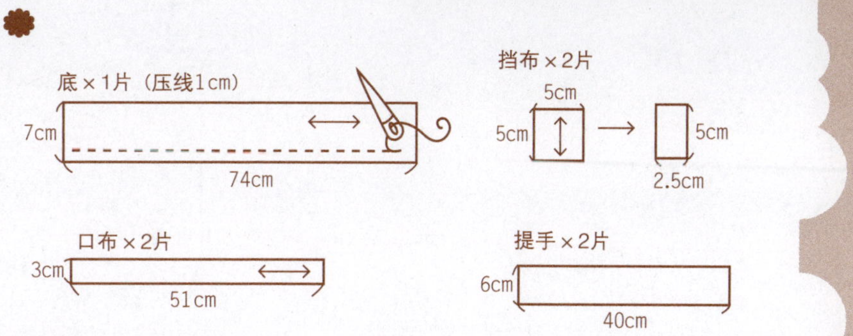

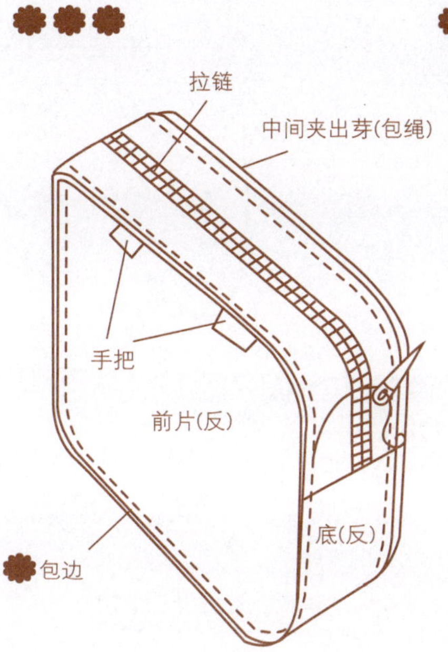

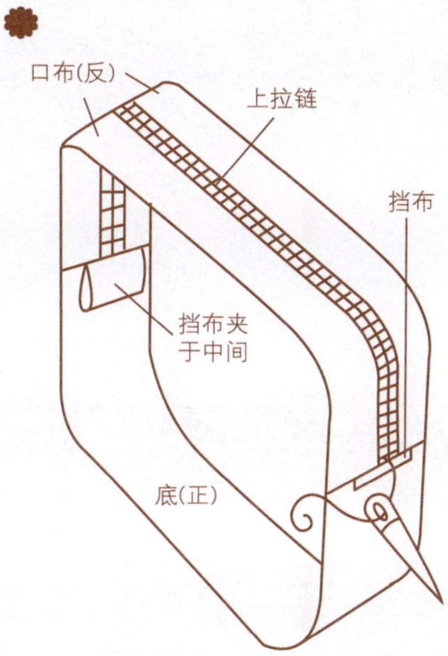

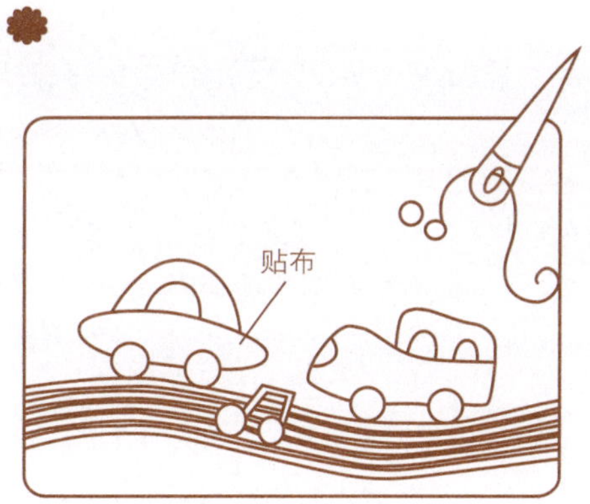

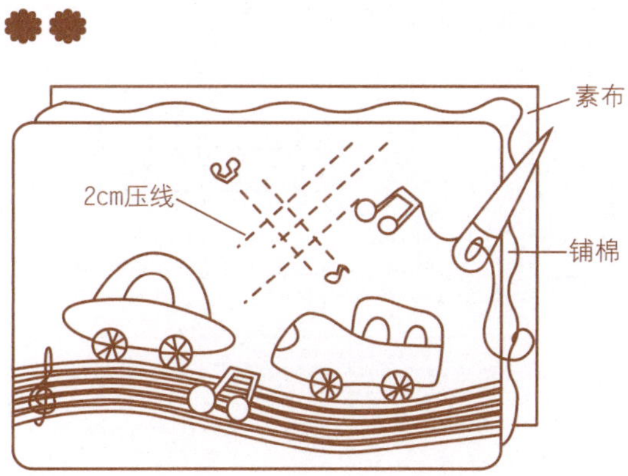

完成图

P.25 动物园专车收纳袋

材料

配色布、现有的工具盒

做法

- ❀1.贴布。
- ❀2.贴布完成后，铺棉压线。
- ❀3.修掉多余的棉。
- ❀4.使用弯针藏针缝，缝上工具盒。

前片

依原尺寸图顺序贴布缝

后片

P.47 美好日子·大厨典藏壁饰

材料

配色布依个人喜好
大图案布
小边条布30cm
大边条布90cm
滚边条75cm
里布90cm
铺棉90cm

做法

- ❀1.梯形裁1组35片拼接成一整片，共5组。
- ❀2.大图案布裁4片(尺寸24cm×24cm)。
- ❀3.步骤1与步骤2拼接成72cm×72cm。
- ❀4.先拼接左、右再拼接上下的小边条1.5cm。
- ❀5.再裁大边条75cm×15cm(依尺寸图裁成扇形)，拼接左、右再接上、下完成表布。
- ❀6.步骤5的表布＋铺棉＋里布三层压线。
- ❀7.最后滚边即完成。

尺寸图　单位:cm　(请外加缝份)

完成尺寸：约100cm×100cm

How to make

P.26 猪小弟的嘟嘟车背包

材料

表布60cm
里布90cm
铺棉60cm
厚衬60cm
薄衬90cm
其他布少许
大扣4个
小扣2个
日形环1个
口形环2个
35cm拉链1条
织带3cm×200cm

做法

❀1.将表布裁出车形并贴缝上车窗，前、后各做1片后，烫上铺棉布衬。
❀2.将前、后袋裁出，贴上数字96，车缝固定烫上布衬，翻缝成前、后袋，车缝固定于车体上。
❀3.将拉链车缝上边布烫上铺棉，加上底布8cm×82cm铺棉车缝固定。
❀4.再将前、后片与边片车缝一圈，即成车形。
❀5.将里布车缝固定于表、里，边布前、后底车缝滚边即可完成整个车形，缝上扣子即完成。

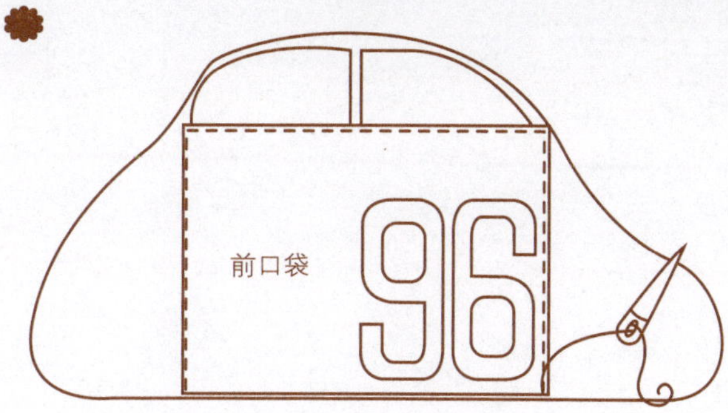

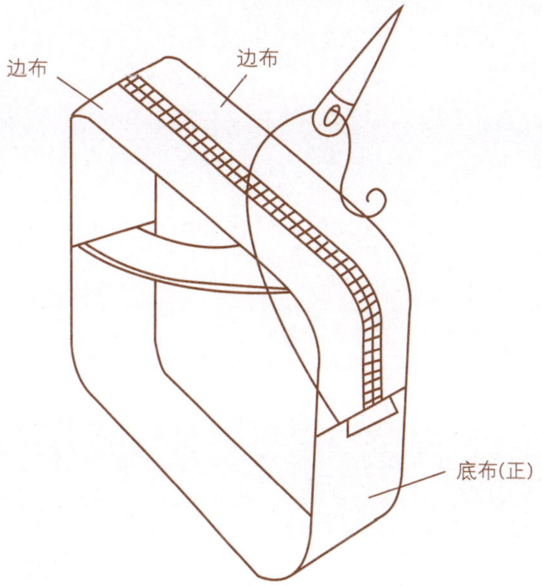

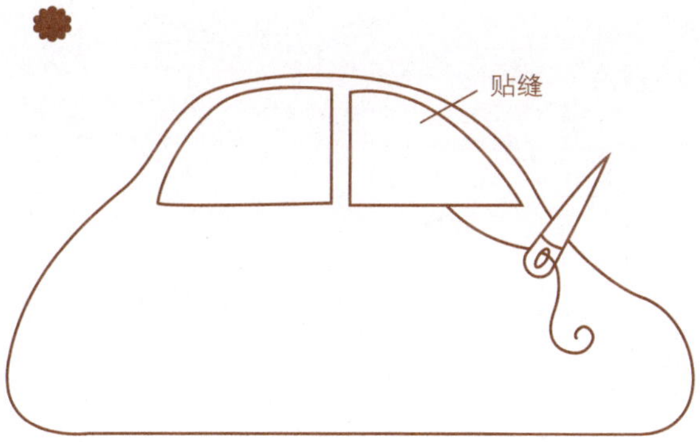

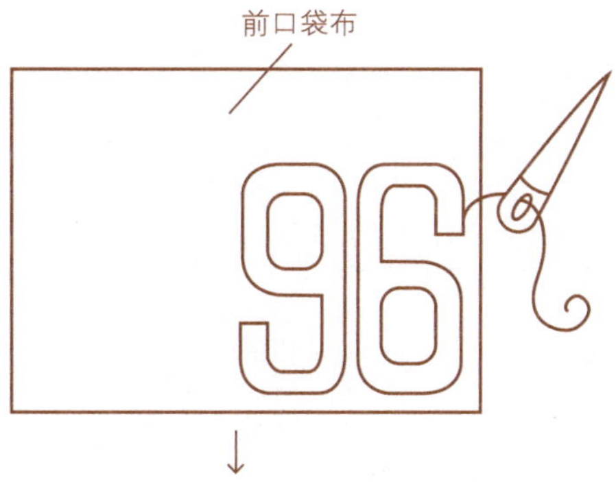

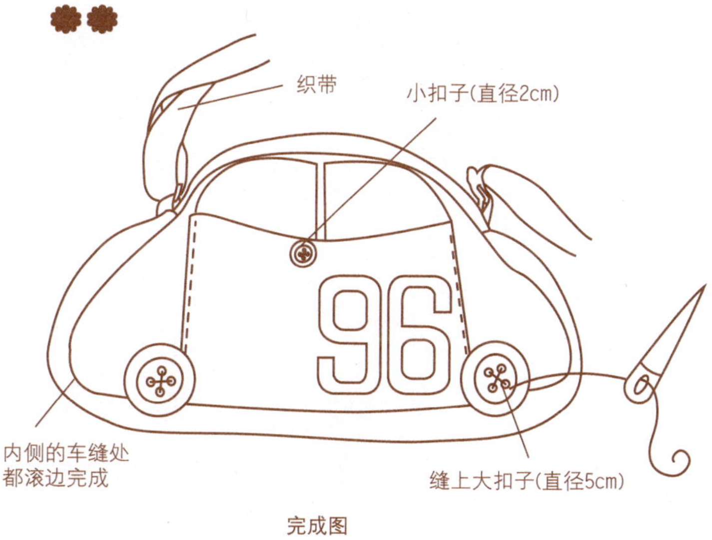

完成图

How to make

P.27 梦想飞行气球包

材料

前、后表布30cm5块
小块拼接布7.5cm
(车子5块；机车4块；
后片飞机：25番绣线5色少许，底色布2块；
脚踏车：25番绣线5色少许，底色布2块)
滚边条布4cm
宽斜布口65cm
拉链滚边：4cm×15cm2条
底布7.5cm
里布60cm
拉链(表)15cm
提手1组

做法

❀1.先将布如图尺寸裁好，贴布缝将车子贴在前表布，完成后再压线。

❀2.后片左侧、右侧拼接好，将缝份往左右烫开后，图案以转印纸描上，烫上薄衬与铺棉，再以绣线缝在图案上，最后左、右表布再压线完成。

❀3.后片左侧上方与下方缝上15cm拉链。

❀4.底部45°斜线压线。

❀5.内袋与表布图形一样画好贴衬，车上内口袋，两片缝合，完成后与表布一起，上边滚边车缝完成。

❀6.将完成袋物缝上提手即可。

❀ (前片)

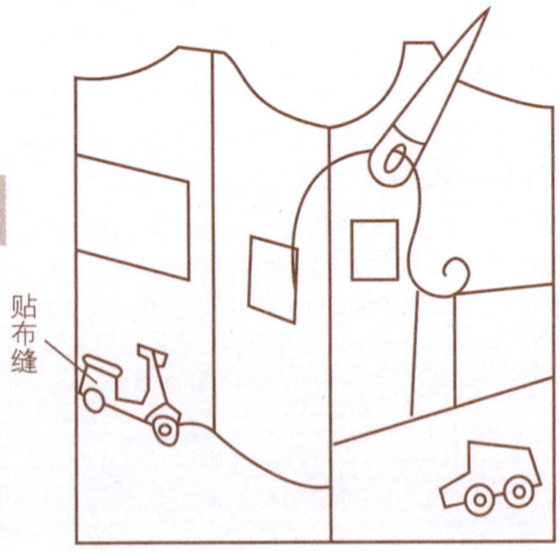

❀

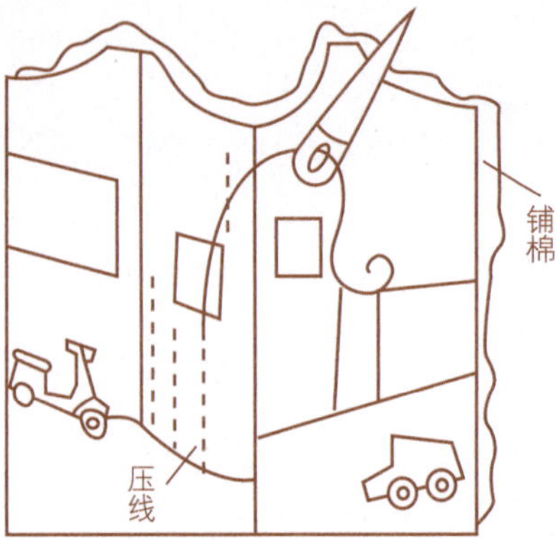

❀ 内袋

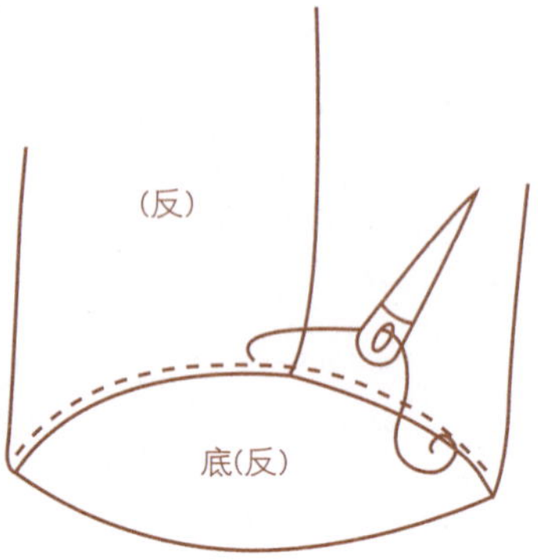

❀

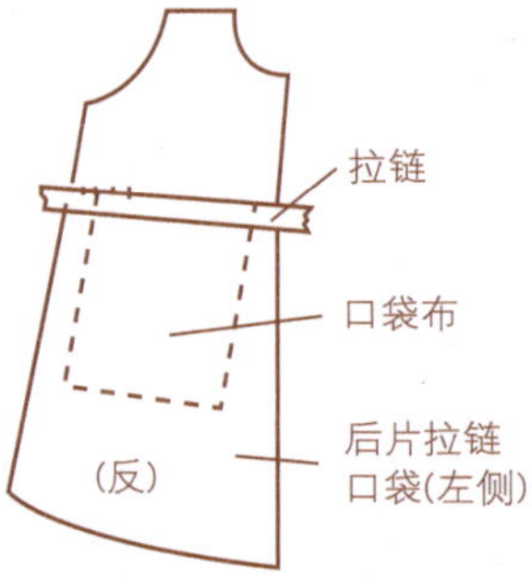

后片

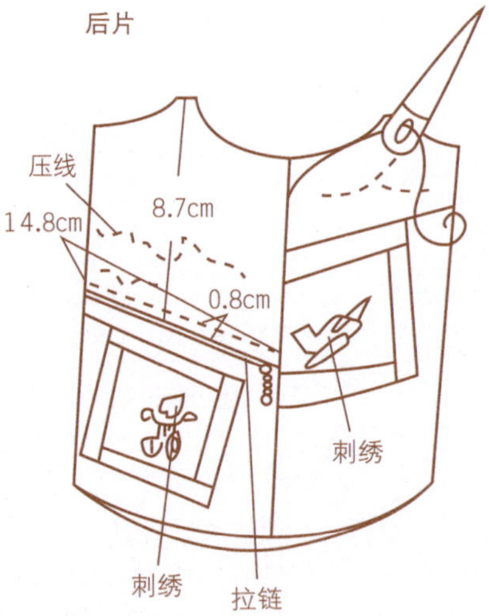

❀

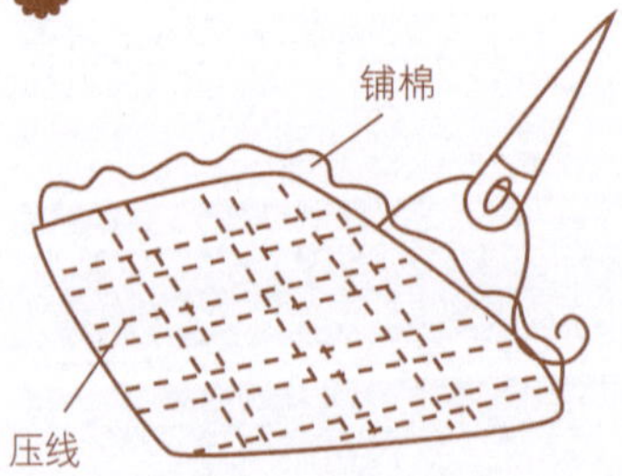

底

❀

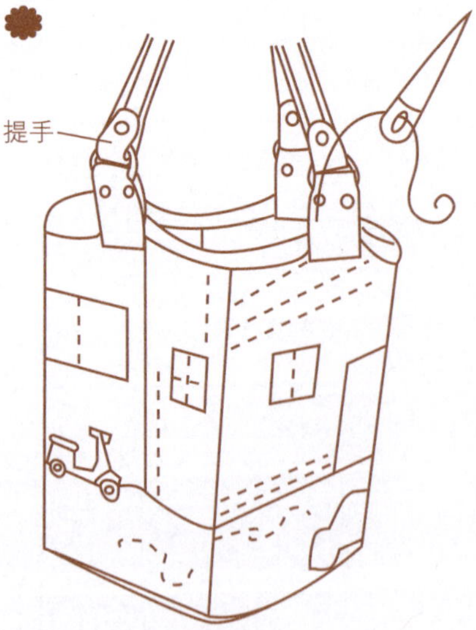

完成图

How to make

■作法绘图／宇柔　■美术设计／Celina

※亲爱的读者：为了避免争议，刊登的作品教学内容为老师的原稿呈现，拼布用语会略所不同，特此告知。

P.46 静谧日常·仕女典藏毛巾环

材料

前片配色布7色各7.5cm
后片布1片20cm×20cm
里布20cm×20cm2片
铺棉
蕾丝1.7cm×38cm
挂耳布4cm×32cm
木环(外直径13cm)

做法

❀1 前片：配色布依尺寸图裁剪后，拼接摆放在单胶棉上用熨斗烫贴固定，拼接处各用花盘车缝并压线，再将毛巾环的形状画上。

❀2 后片的反面与单胶棉用熨斗烫贴固定，并压线完成，再将毛巾环的形状画上。

❀3 步骤1的前片与同尺寸里布的正面相对，如图底留返口，其余缝合一圈（翻回正面之前弧度处需剪牙口）。

❀4 由返口处翻回正面，完成前片(后片同方法完成)。

❀5 前片和后片的正面相对，如图上方留2cm的挂耳穿出口，其余卷针缝合固定。

❀6 挂耳布的上、下侧各往中心折1cm，再对折成1cm宽，上下车缝2道固定线，再接缝成圈状。

❀7 将挂耳布装于木环上。

❀8 步骤5翻回正面，下方缝上一圈蕾丝装饰(缝合时一起将返口也缝合)，套入木环即完成。

1
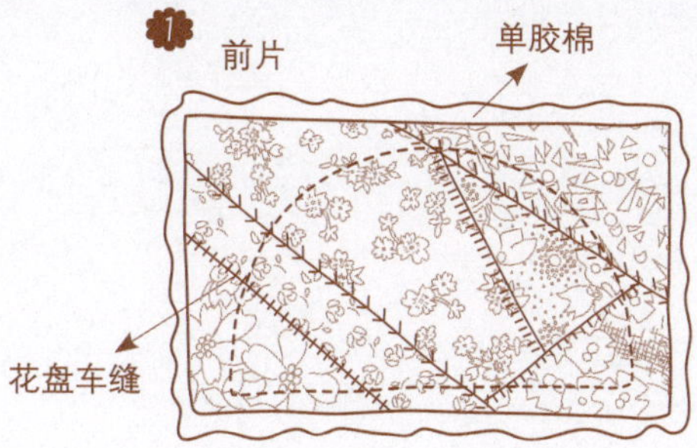

2
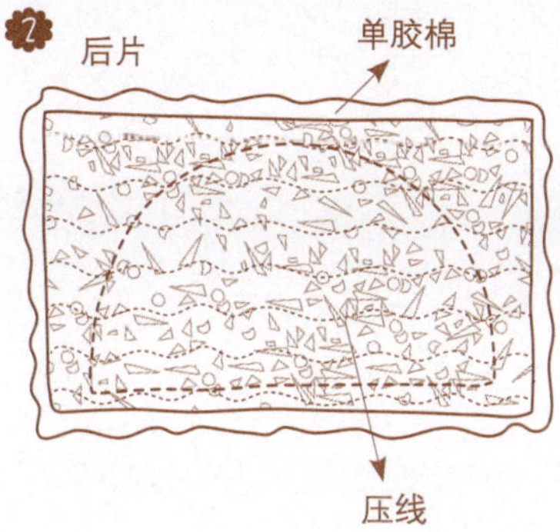

3 4
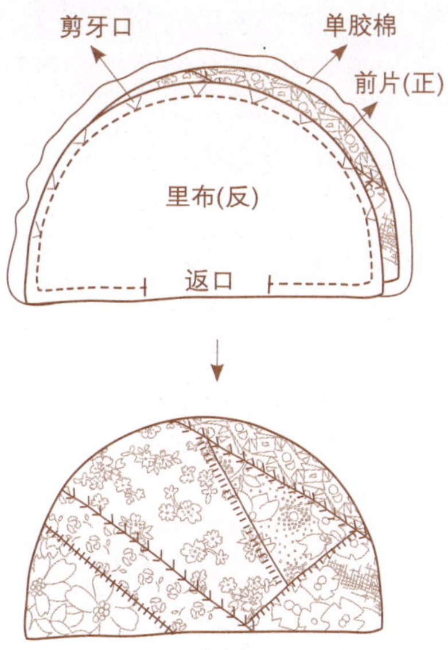

5
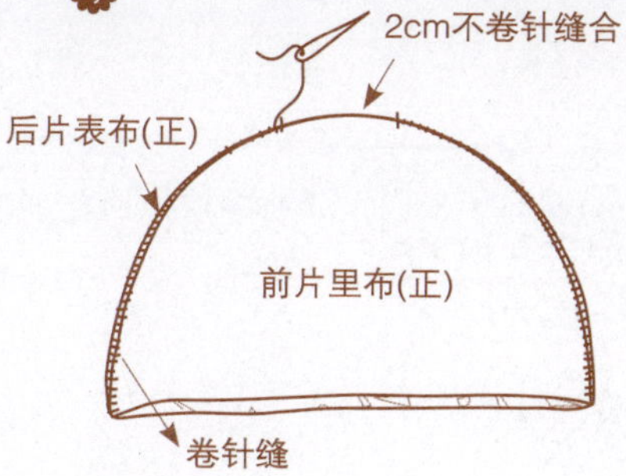

6
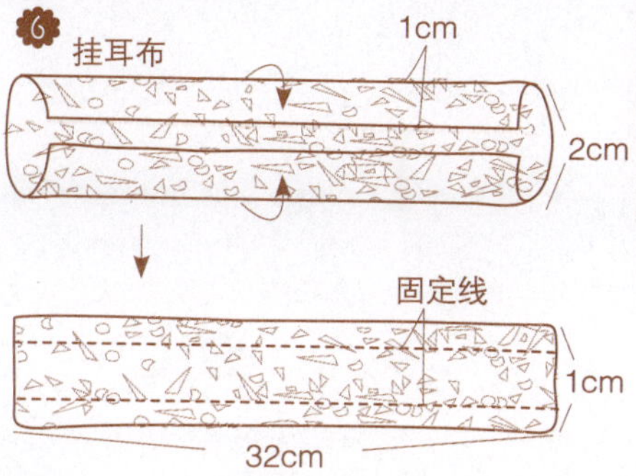

7
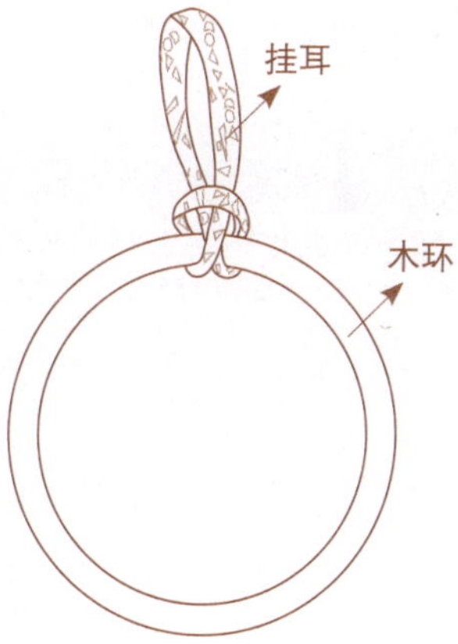

8

完成图

动手做吧……

How to make

P.28 水果塔口金包

材料

折花用布17cm×17cm(已含缝份0.7cm)
大、小点点布各15cm
花布15cm
里布、铺棉、坯布18cm×30cm各1片
10cm⊓形口金1个
包扣1颗(直径1.5cm)

做法

❀1 将花朵折好，与其他袋身布片接缝成一片，表布＋铺棉＋坯布三层压线。将花瓣尖端与袋身前片缝几针固定。

❀2 压好线的袋身正面相对，缝合两侧，并打底3cm。

❀3 里布两片正面相对，缝合袋底(留一返口)，再缝合两侧，打底3cm。

❀4 里袋与表袋正面相对，缝合袋口，并将缝份的铺棉修剪掉，由里袋返口翻回正面，整烫袋口并压0.2cm固定线。

❀5 袋口与口金每面先做5点的假缝固定，再以回针缝缝合口金与袋口。

❀6 花心处缝上包扣，缝合里袋返口，完成。

1 折花

①如图折出线条。
○标记处尺寸相同

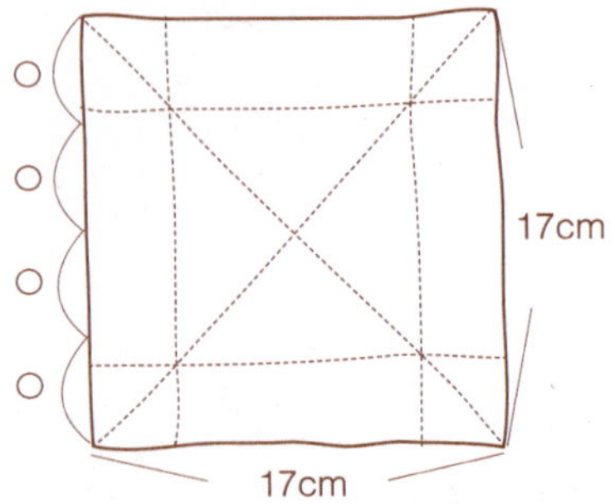

②翻至反面如图折好。

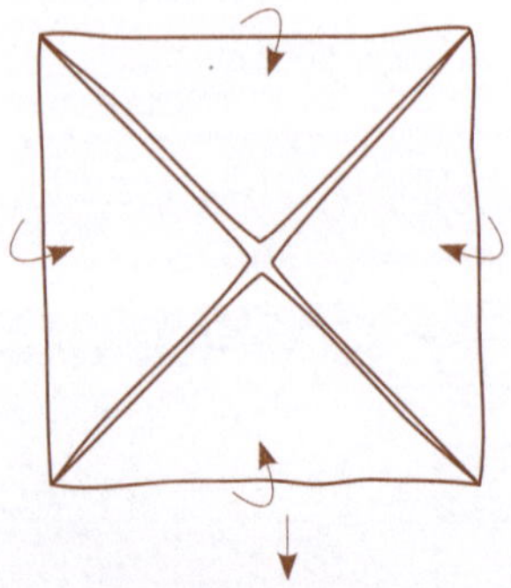

③翻回正面，下方折至中心线处。

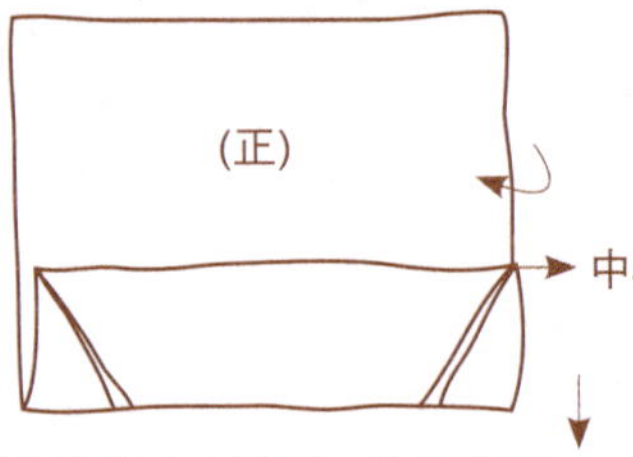

④右边往中心线折，并把右下角如图折出立体小四角形。

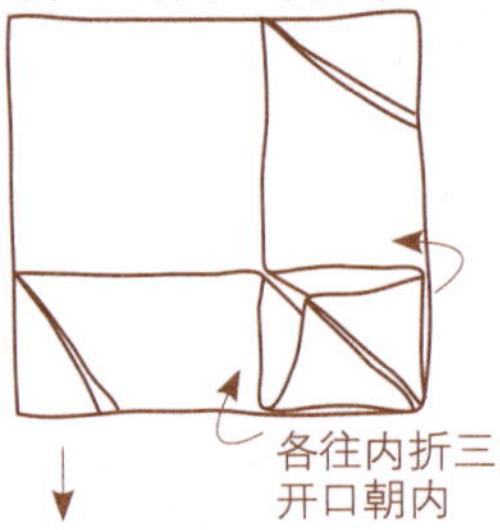

⑤同步骤④，上方往中心线折，右上角折出立体小四角形。接着左边的上、下角相同方法完成。

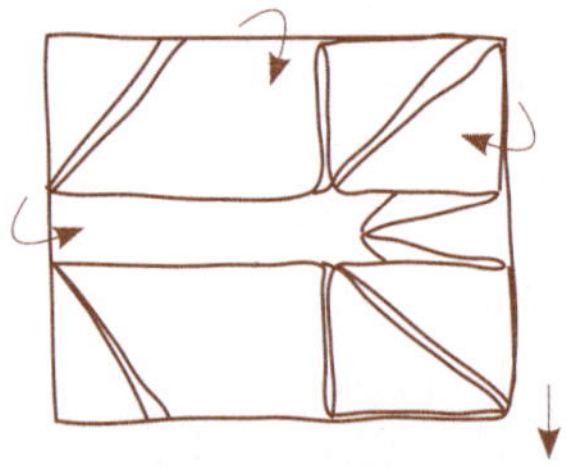

⑥◎记号处的4片由后往前掀开，→记号则往外折，即完成折花。

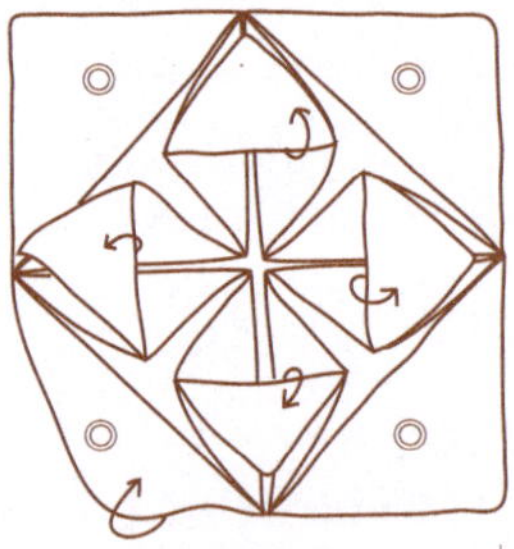

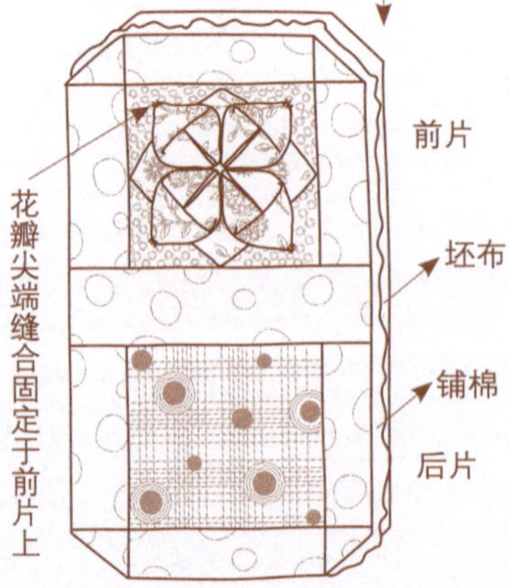

2 3

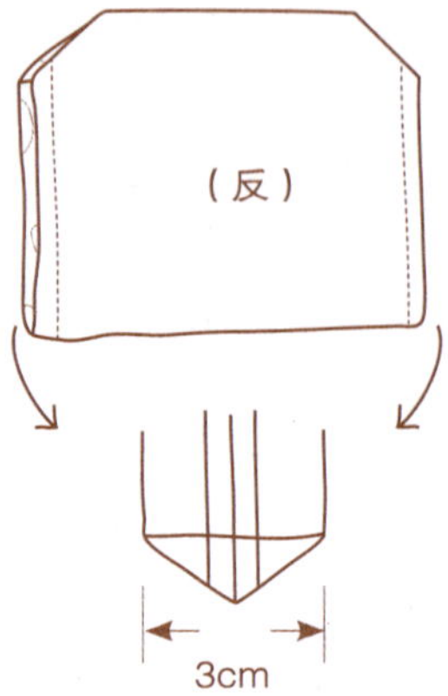

4

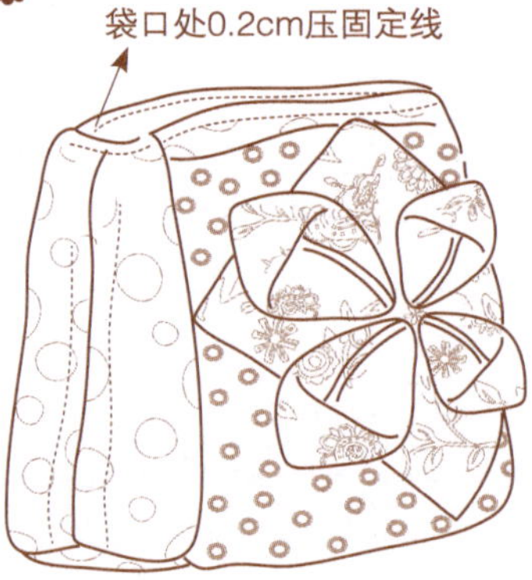

5 6

完成图

How to make

P.30 诉说往日·手机袋

材料

主布7.5cm
里布7.5cm
配色布2色各10cm×10cm
小皮片
D形环
磁扣1组

做法

❀1 先将风车图形拼接完成。

❀2 描下袋盖布的尺寸，在风车正方形位置挖洞，往内再留0.7cm缝份，洞口以贴布缝完成。

❀3 裁1片袋身、1片里布，先正面对正面车缝袋口，再拉成表面对表面、里面对里面车缝，在里布留一返口，表、里各打角2cm。

❀4 袋盖铺棉压线后剪1片里布，正面对正面车缝，留一返口，再将盖子与袋身卷针缝，订上D形环，再缝上磁扣即完成。

1

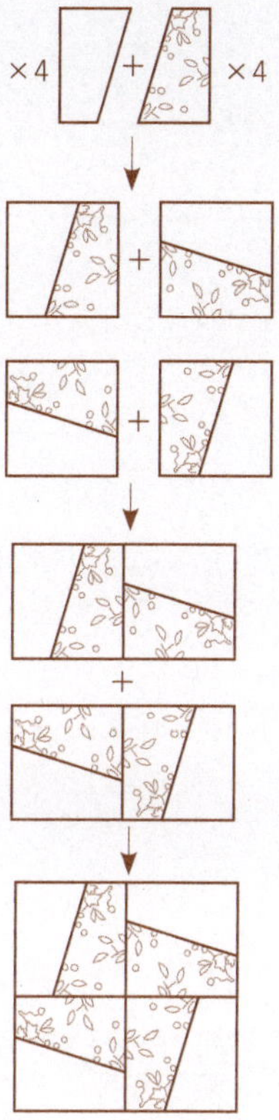

依原尺寸图(缝份外加)

2 袋盖

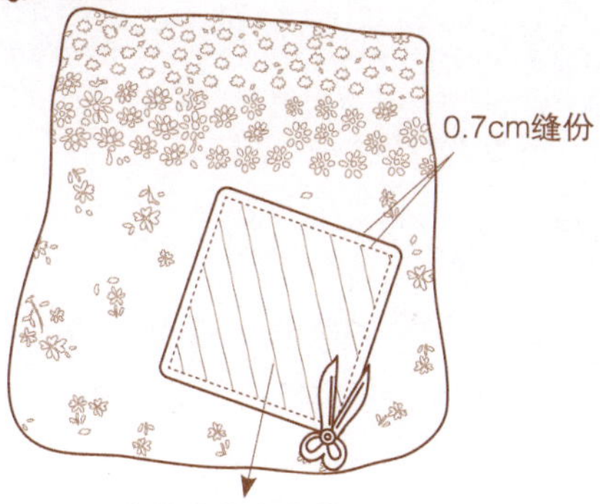

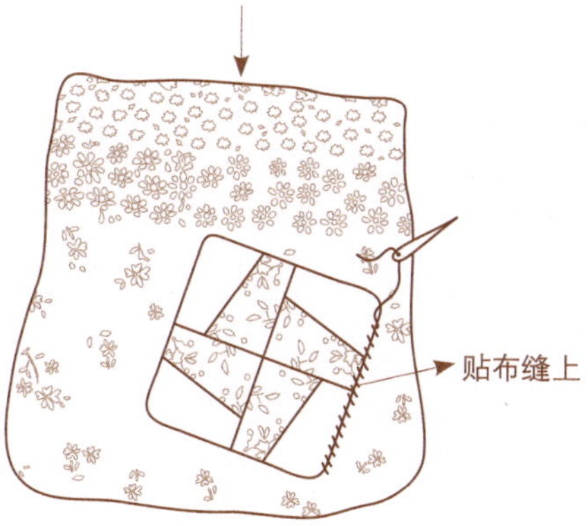

3 袋身

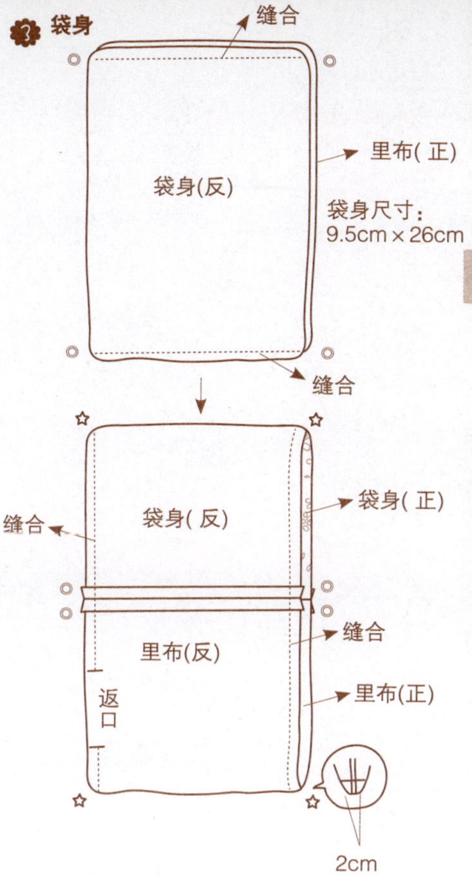

4

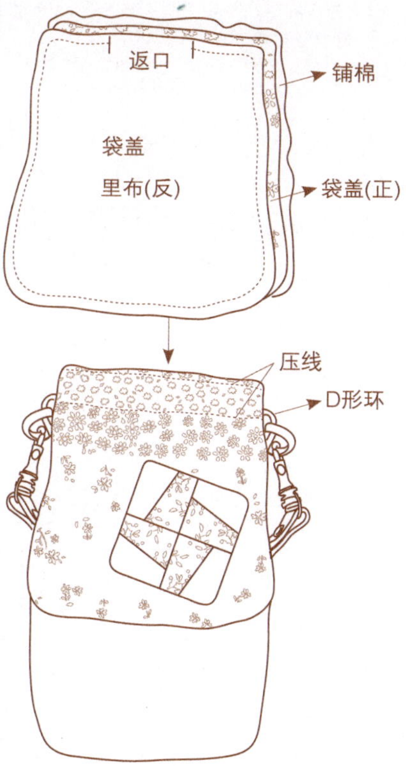

完成图

How to make

P.32 和风折花小包

材料

表布3色各40cm×18cm
折花布2色各55cm×7cm
花心布7cm×7cm
里布55cm×30cm
单胶棉40cm×25cm
蕾丝2色各40cm
包边布40cm×4cm
15cm拉链1条
布标1片
2.5cm塑料包扣1个
织带提手1条
木扣2个

做法

折花

❀1 2色布各8片，留0.5cm缝份剪下，2色布正面对正面缝合，留返口并于凹处剪牙口，修剪尖角部分的缝份，再翻回正面。

❀2 正面画出缝线，再沿着缝线一片一片接缝，连成8片，接缝后上面再分开，即成一个花形。取花心布包住包扣，将包扣置于花中间，四周以暗针缝合。

小提包

❀3 表布先拼接成1片，再烫单胶棉，并缝上蕾丝，于表布正面画出实际尺寸，再将做好的折花以暗针缝方式缝在表布适当位置上。布标缝于另一面。

❀4 表布对折，缝合两边再抓袋底6cm。

❀5 内袋布33cm×18.5cm1片，内口袋布13cm×20cm1片，内口袋布对折留返口缝合，翻回正面，固定于内袋布上。内袋布再对折车缝两边，抓袋底6cm，套入表布内，袋底固定，袋口疏缝一圈，再缝上滚边布。最后上拉链，袋身两侧缝上提手及木扣即完成。

❶ 折花

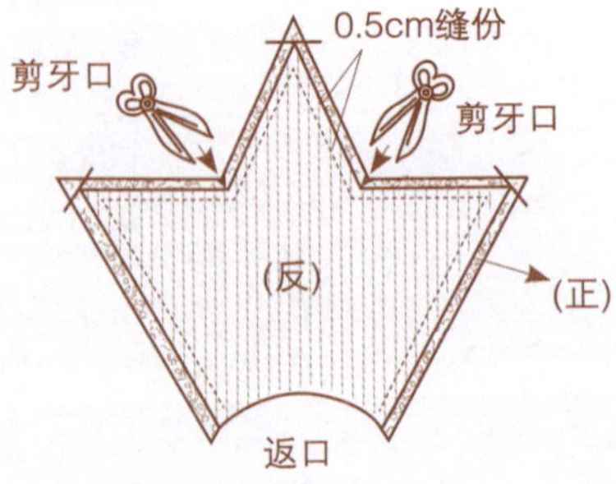

❷

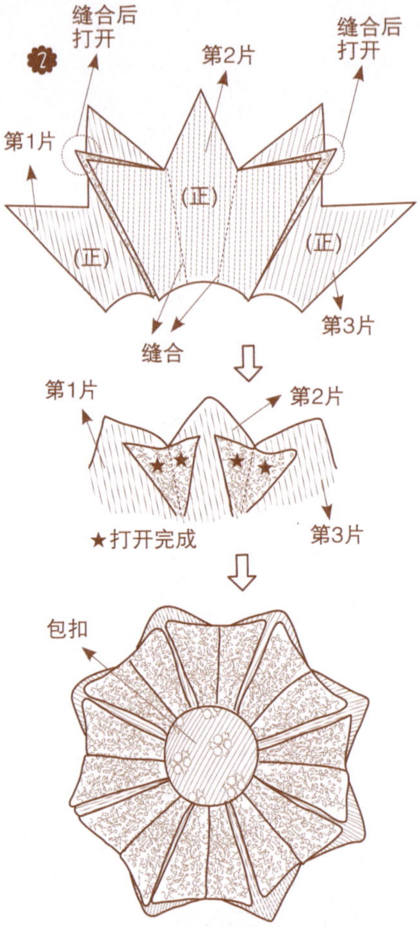

❸ 小提包 (请外加缝份)

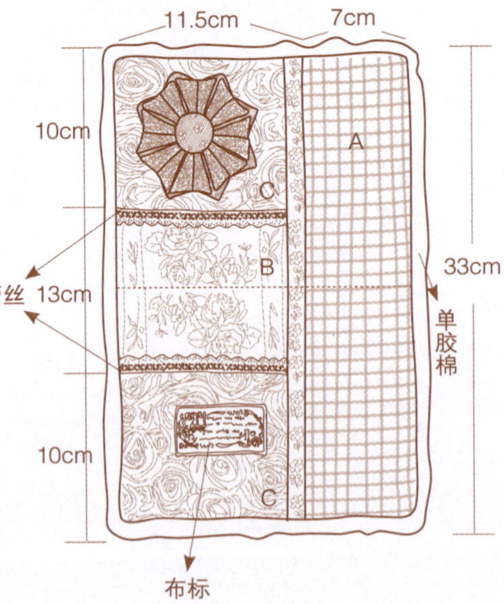

❹

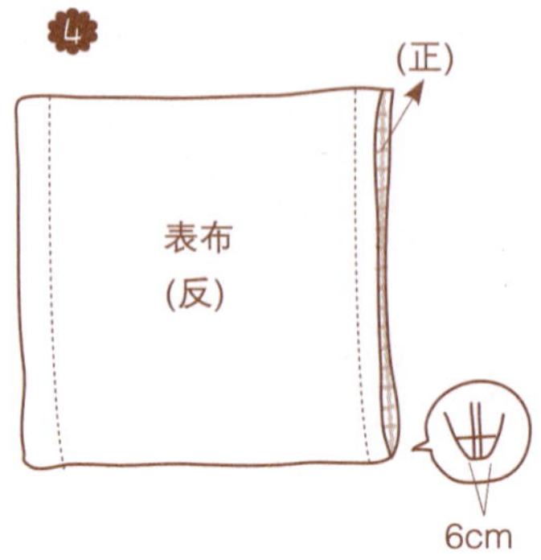

❺

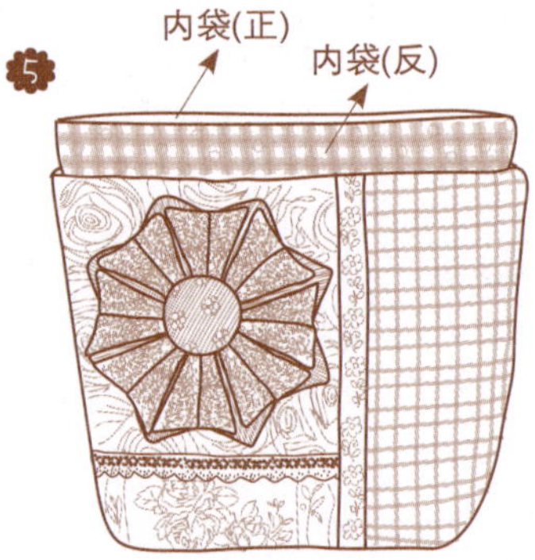

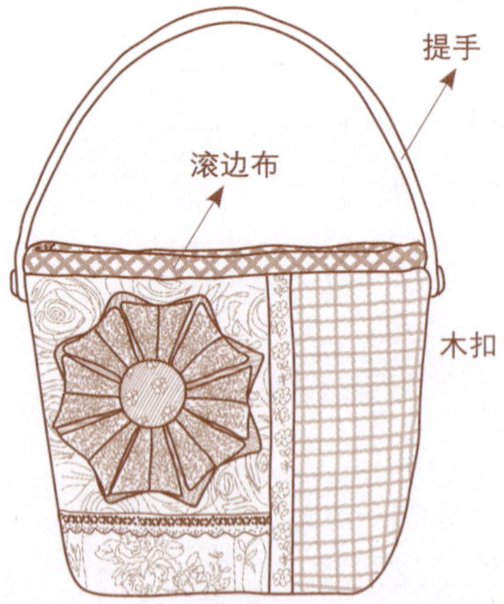

完成图

How to make

P.52 我的绣珍布包

※封闭型扣眼绣、葡萄牙结粒茎绣的教学请至P.53

材料

棉麻布45cm
条纹布100cm×6cm
咖啡色布80cm×3cm
碎花布5种各10cm×10cm
绣线1只
水兵缎带
织带120cm
蕾丝60cm
印章
铺棉45cm
里布45cm
布用印泥
拉链20cm

做法

❀1 将图形转印于表布上，接缝袋口上的条纹布。

❀2 贴布缝完成各色小碎布及左右两侧的条纹布。

❀3 依图示刺绣，运用订线绣、回针绣、封闭型扣眼绣、轮廓绣、雏菊绣、结粒绣、十字扭转绣、葡萄牙结粒茎绣、锁链绣、缆绳绣等，线条的粗细请利用绣线的股数来调整。

❀4 盖印章，请用布用印泥。

❀5 后背布接缝袋口上的条纹布，也请完成刺绣。

❀6 将前、后袋身及袋底铺棉压线。

❀7 蕾丝固定。

❀8 制作出芽：条纹布2.5cm×60cm包棉绳，与前、后袋身的侧边缝合。将袋身及袋底的表布与里布组合完成。

❀9 制作袋口的拉链挡布20cm×10cm2片(未含缝份)并与拉链组合。

❀10 袋口挡布与袋身组合，并滚边完成。

❀11 固定织带提手即完成。

1

2 3 4

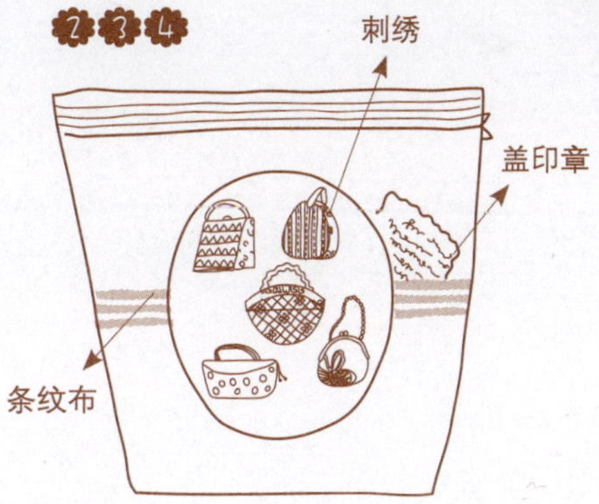

5

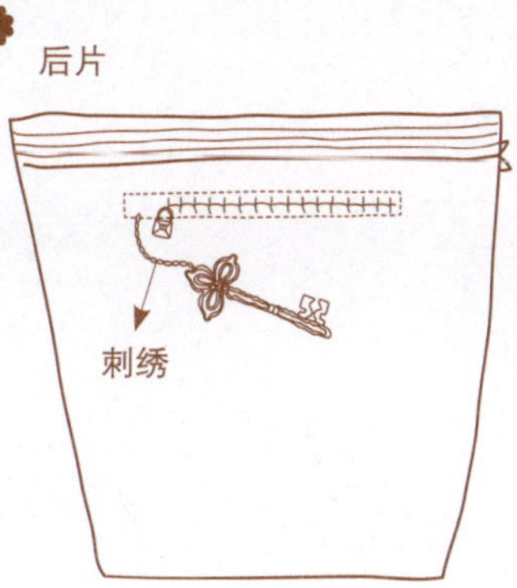

6 7

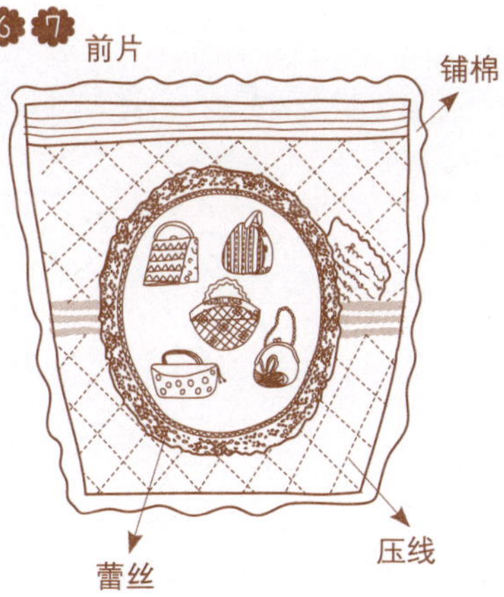

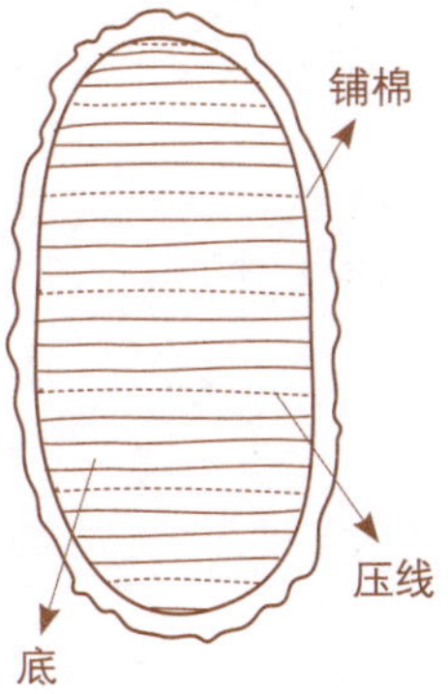

8

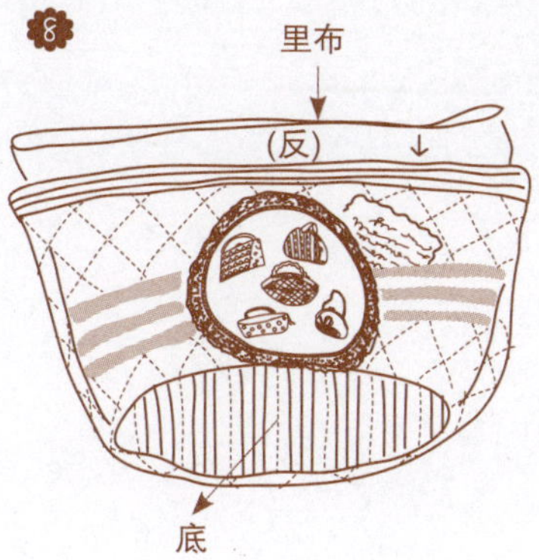

9

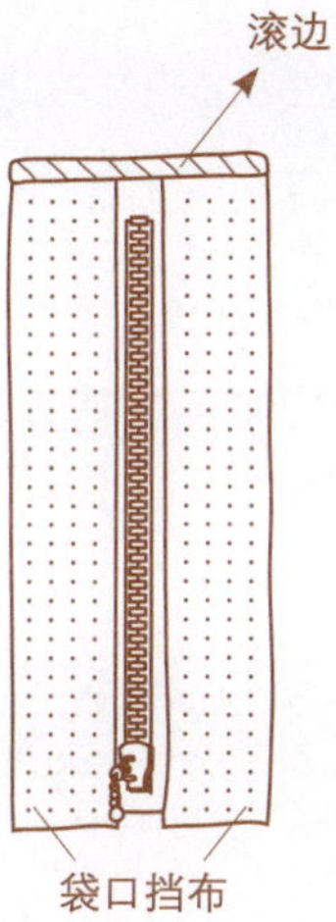

10 11

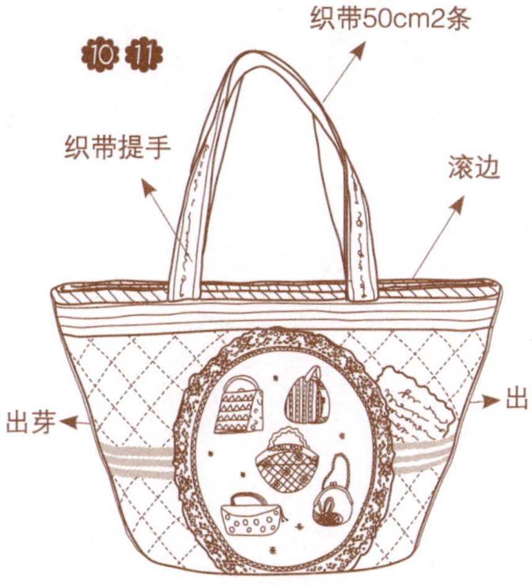

完成图

动手做吧……

How to make

P.54 夏秋之森·大地挂钟

※技巧分解教学图请至P.55

材料

深色布45cm
浅色布45cm
里布45cm
铺棉45cm
段染绣线
机芯1组
直径30cm绣框

做法

❀1 将图案描在深色布上(圆直径40cm，缝份1cm)。

❀2 与浅色布做贴缝(圆直径40cm，缝份1cm)。

❀3 中心圆心直径10cm，画圆，深色布剪开，做贴缝。

❀4 将图案周围绣上红色轮廓绣，叶子缝上回针缝，如图所示。

❀5 完成表布与铺棉、内里布疏缝，压线，绣上小花。

❀6 长条127cm×12cm(含缝份)，前、后两端1cm缝份折缝，12cm对折成6cm，车1cm绳子轨道。完成后，与表布的圆周车缝，缝份处可拷克处理。

❀7 圆中心剪直径1cm的小圆，周围缝上纽扣缝。

❀8 绷上绣花框，装上机芯即完成。

1

2 3

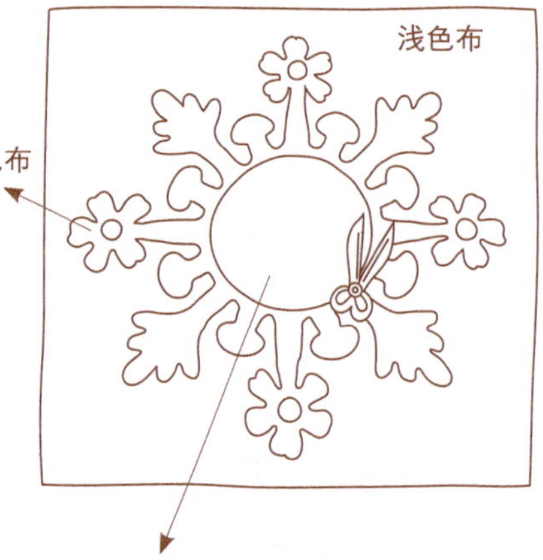

4 5

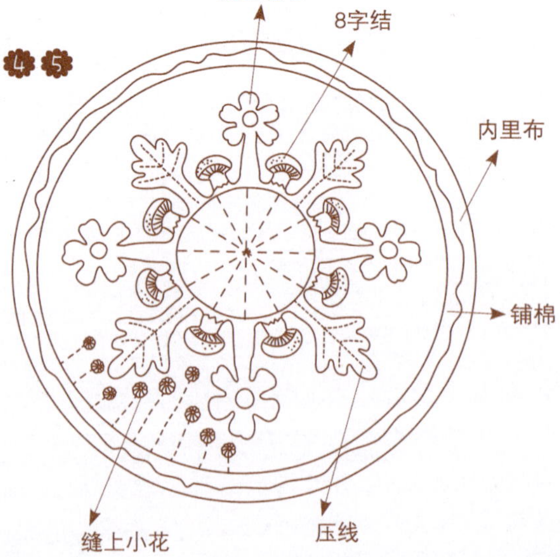

6

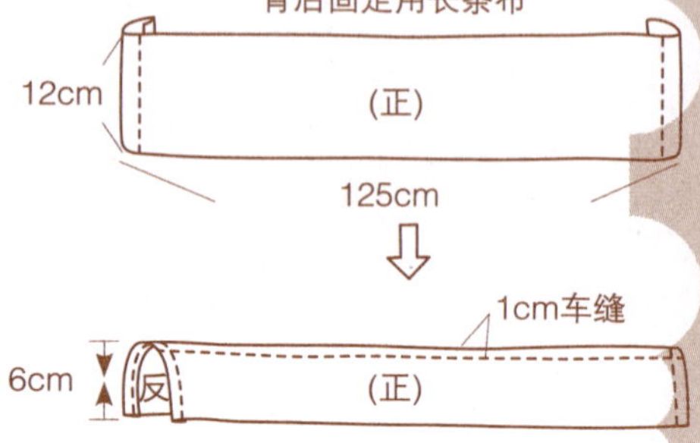

7 背后图

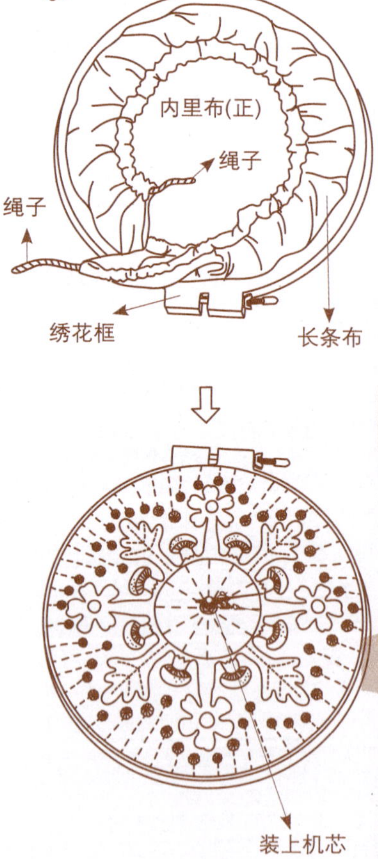

完成图

NO.45 READER'S QUESTIONARY

Hand Made 巧手易 读者问卷调查

Q1 本期杂志的整体感觉？□非常棒 □还可以 □不喜欢

Q2 本期杂志封面的设计感觉？□觉得很棒 □大致满意 □有待加强

Q3 请问你喜欢本期的封面作品吗？□喜欢 □不喜欢

原因 ______

Q4 本期杂志中觉得很棒的单元

□ P.6 2011 兔仔报喜

□ P.8 拼布名人连载 松山敦子老师的甜美布落

□ P.10 甜点系拼布小物

□ P.14Top A 趣味布玩咖 格子布

□ P.22Top B 布的游乐园 交通工具造型

□ P.28Top C 拼布教室照过来

□ P.34布的食衣住行

□ P.42 阿 Kat 的复刻版布怀旧时光

□ P.44 现在是可爱时袋！

□ P.46 流行新布播报

□ P.49 环游布世界

□ P.50 拼布百分百

□ P.52 达人的拼布讲座 Live □拼布 VS 刺绣□拼布 VS 家饰

□ P.57 Anna Griffin 的梦幻世界

□ P.62 水晶元素创意拼布

□ P.64 I LOVE HOBBYRA HOBBYRE 拼布 & 编织

□ P.69 口金组曲

□ P.72 特别企划 女孩们的化妆小提箱

□ P.76 妈咪爱手作

□ P.78 我的拼布故事

□ P.83 拼布名人会客室

□其他 ______

Q5 趣味布玩咖 格子布单元中 (P.14 ~ P.21) 喜爱哪个作品？

______

Q6 布的游乐园 交通工具造型单元中 (P.22 ~ P.27) 喜爱哪个作品呢？

______

Q7 拼布教室照过来单元中 (P.28 ~ P.33) 喜爱哪个老师的作品？

□石碧霞老师 □蔡梅珍老师 □李淑华老师

Q8 布的食衣住行单元中 (P.34 ~ P.41) 喜爱哪个老师的作品？

□郭芷廷老师、赖淑君老师 □ Judy □张贵樱老师 □洪凤珠老师

Q9 杂志内的整体作品教学觉得如何？ □很难 □适中 □太简单

Q10 本期刊登的作品中，想试做看看的是哪一个呢？为什么？

______

Q11 本期刊登的作品中，不喜欢哪一个作品呢？为什么？

______

Q12 是否有不喜欢的单元？□没有 □有

Q13 本期作品教学页觉得 □很难 □适中 □太简单

Q14 读者大票选——本期 No.45 巧手易杂志**作品欣赏**中最希望有教学的作品是 ______

Q15 请问你购买《巧手易》杂志是？ □第一次购买 □我是订户

□每期必买 □偶尔买一本

Q16 希望杂志内可以多介绍的主题

______

Q17 读者大票选——本期 P.85 格子布造型主题同步募集

我想要投票给 ______

Q18《巧手易》八岁生日来啰！想要给《巧手易》的生日祝福 ______

______

Q19 请问你是否会购买河南科学技术出版社出版的最新书籍

《手心里的袖珍甜点》□会□不会

原因？ ______

Q20 感谢你购买《巧手易》杂志，请留下你对杂志内容的意见或建议

______

______

Personal Profile 个人资料

姓名：______ (请务必填写) □女 □男 婚姻状况：□已婚 □未婚

年龄： □ 20 岁以下 □ 21 ~ 25 岁 □ 26 ~ 30 岁 □ 31 ~ 35 岁 □ 36 ~ 40 岁 □ 41 ~ 45 岁 □ 46 ~ 50 岁□ 51 岁以上

教育程度：□初中以下 □高中 (职) □专科 □大学 □硕士以上

职业：□学生 □上班族 □家庭主妇 □自营业 □其他 ______

拼布经历：□未接触拼布 □刚学习拼布 □学拼布已 ____ 年 □看书自学

家中是否有缝纫机：□有 □无 品牌 ______

电话：(H) ______ (O) ______ (手机) ______ ※ 请填写白天可联络的电话

住址：□□□ ______

E-Mail：______

回函地址：郑州市经五路 66 号北楼 801 ※ 感谢寄出问卷调查表，希望你能抽到我们送出的小礼物

著作权合同登记号：图字16—2011—113

图书在版编目(CIP)数据

Handmade巧手易. 第45期 / 首翊股份有限公司编著. —郑州：河南科学技术出版社，2011.9
ISBN 978-7-5349-4596-0

Ⅰ. ①H… Ⅱ. ①首… Ⅲ. ①布料-手工艺品-制作-图集 Ⅳ. ①TS973.5-64

中国版本图书馆CIP数据核字(2011)第175369号

出版发行：河南科学技术出版社
地址：郑州市经五路66号 邮编：450002
电话：(0371)65737028 65788613
网址：www.hnstp.cn
策划编辑：刘 欣
责任编辑：梁莹莹
责任校对：柯 姣
印 刷：北京盛通印刷股份有限公司
经 销：全国新华书店
幅面尺寸：228 mm×285 mm 印张：7 字数：200千字
版 次：2011年9月第1版 2011年9月第1次印刷
定 价：38.00元
